SPSS 19.0（中文版）在生物统计中的应用

主　编：张　力

副主编：甘乾福　吴　旭

厦门大学出版社
XIAMEN UNIVERSITY PRESS
国家一级出版社
全国百佳图书出版单位

前　言

  SPSS 是世界上通用的优秀统计软件包之一,它广泛应用于社会科学、自然科学的各个领域。本书以简明、实用的方式,应用大量的实例介绍了 SPSS 19.0 中文版在农业生物统计中的常用分析方法。包括描述性统计分析、次数分布表和常用统计图的编制、t 检验、不同试验设计方法的方差分析、协方差分析、χ^2 检验、相关分析、回归分析、二项分布检验、聚类分析、主成分分析、生长曲线方程的拟合、典型相关分析、半数效量的计算等,并对输出结果作出统计学的分析与推断。同时,本书还以实例简要介绍了 Excel 电子表格在生物统计中的应用,描述性统计分析包括 t 检验、方差分析、线性相关回归分析和次数分布表与直方图的编制。

  本书可作为农林院校生物学、动物医学、动物科学、农学、水产和蜂学等专业本科生学习生物统计课程的补充教材,并可供论文写作时进行数据统计之用,也可作为农业科研人员进行数据统计分析的参考资料。

  在本书的编写过程中,承蒙福建农林大学周以飞教授仔细审阅修改、热情鼓励与指导,并提出了许多具有建设性的宝贵意见。杨建敏、李益彬、赵晶晶、王燕艳、吴丽珠、陈静静等同志在本书的资料整理和图表编制上做了大量的工作。此外,本书还参阅了相关的教材、著作和论文。在此一并表示真挚的感谢。

  在编写中,编者虽然已尽心竭力,但限于水平与经验,难免会存在纰漏和不足之处,恳请同行和读者批评指正。

张力　甘乾福　吴旭

于福建农林大学动物科学学院

2013 年 8 月

目　录

第一章　SPSS 19.0 概述

　　SPSS (Statistical Package for Social Science)统计软件全称为社会科学统计软件包,是目前世界上公认的用户最多、功能最强大的优秀通用统计软件之一。它不仅适用于社会科学,同样可应用于生物学、动物医学、动物科学、作物学、水产和蜂学等自然科学的各个领域。

　　SPSS 是世界上最早的统计分析软件,由美国斯坦福大学的 3 位研究生于 1968 年研制,同时成立了 SPSS 公司,并于 1975 年在芝加哥组建了 SPSS 总部。SPSS 公司 1984 年推出了世界上第一个统计分析软件微机版本 SPSS/PC+,1992 年推出 Windows 版本,并不断推出新的 SPSS 版本,随着应用领域的不断扩大,自 SPSS 11.0 起,SPSS 已由原来的名字改为"Statistical Product and Service Solutions",即"统计产品和服务解决方案"。2009 年 SPSS 公司被 IBM 公司并购后,连续推出了 IBM SPSS Statistics 18.0 和 IBM SPSS Statistics 19.0。随着 SPSS 版本的不断提高,其功能越来越强大,操作使用也越来越简单。SPSS 分析方法丰富,提供了从简单描述统计分析到多因素统计分析的方法,能够基本满足生物统计分析工作的需要,是非专业统计人员的首选统计软件。

　　SPSS 19.0 在以往版本的基础上加入了许多新的功能,使得 SPSS 软件的操作更为简便、快捷,功能更加强大。SPSS 软件界面操作语言齐备,使用者可以自行设置英文或简体中文操作界面,很好地满足了很多人希望使用中文版的要求。SPSS 软件具有清新、友好的中文界面,全新的中文帮助文档,使使用者的学习更轻松,它还具有简洁、清晰的中文输出,结果一目了然。本书是以 IBM SPSS Statistics 19.0 版本(中文版)为例,讲解 SPSS 统计软件的基本功能及在生物统计上的应用方法。

一、SPSS 19.0 的启动

　　在 SPSS 19.0 软件安装完成后,在 Windows 桌面,选择"开始→所有程序→IBM SPSS Statistics→SPSS Statistics 19.0"命令(图 1-1),即开始运行 SPSS 19.0。

图 1-1　启动 SPSS 19.0 的方法

　　SPSS 19.0 启动后,在屏幕上显示 SPSS 19.0 主界面的导航对话框,如图 1-2 所示。该对话框中有 6 个选项,可以根据自己的需要做出选择,然后单击"确定"按钮即打开不同类型的文件。

　　6 个选项代表的文件类型分别为:

　　(1)打开现有的数据源:打开一个已存在的数据文件。使用该选项能打开一个扩展名为

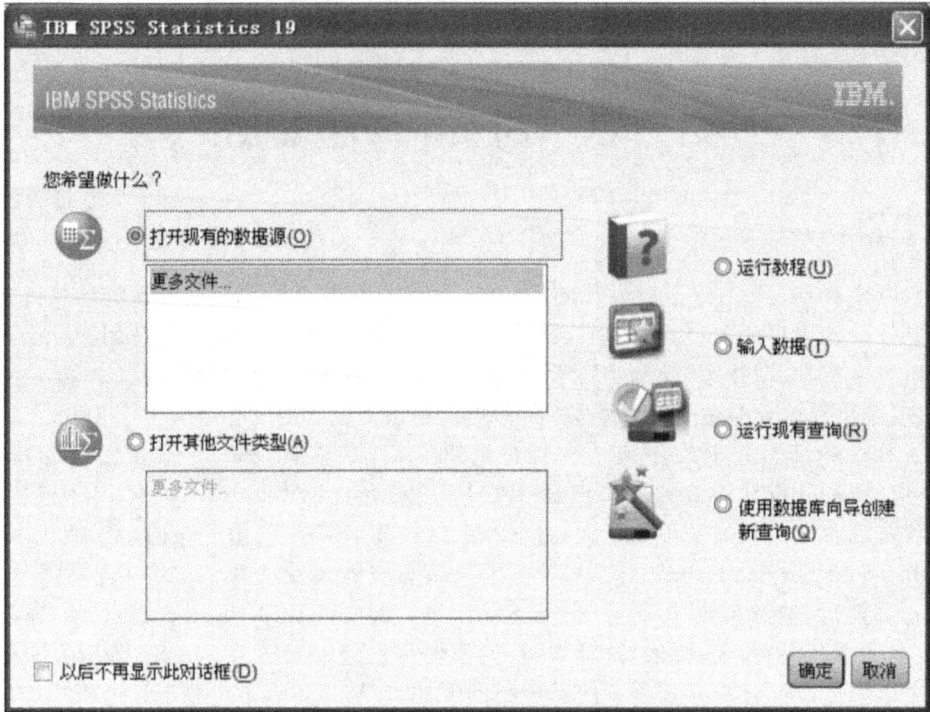

图1-2　SPSS 19.0启动后弹出的导航对话框

＊.sav 的文件。在此选项下面一栏显示了所有的数据文件列表以及近期打开过的数据文件，可以直接从列表中选择需要打开的文件。

（2）打开其他文件类型：打开一个其他类型的文件。

（3）运行教程：运行操作指导，SPSS 19.0 提供了较为完善和实用的帮助系统。

（4）输入数据：直接打开一个空的数据编辑窗口，用户可以在此窗口输入新的数据，建立数据文件。

（5）运行现有查询：运行一个已存在的问题文件选项。让用户选择一个扩展名为＊.sqp 的文件。

（6）使用数据库向导创建新查询：使用数据库向导来创造一个新的数据文件选项。

在对话框的最下端还有一个复选框"以后不再显示此对话框"，选择此复选框，则在今后打开 SPSS 19.0 时，将不再显示此对话框，直接进入 SPSS 19.0 数据编辑器窗口进行相关操作。

二、数据编辑器

（一）数据编辑器简介

启动 SPSS 后，进入的第一个窗口便是数据编辑器窗口，主要作用是编辑数据文件。它分为两个视图窗口：数据视图窗口（图1-3）和变量视图窗口（图1-4）。数据编辑器窗口最上方一行是由 11 个菜单组成的主菜单(详见后),点击主菜单便可出现一个下拉式菜单,在其中可选取相应的命令。在主菜单的下方是工具栏,当鼠标指针指向相应图标时,便会自动显示工具按钮的名称,按鼠标左键便会快速执行该命令。下方的数据输入区类似于 Excel 表格,可在此进行数据的输入和编辑。窗口的左下方是状态栏(数据视图/变量视图),可选择点击进入数据视图或变量视图编辑窗口。

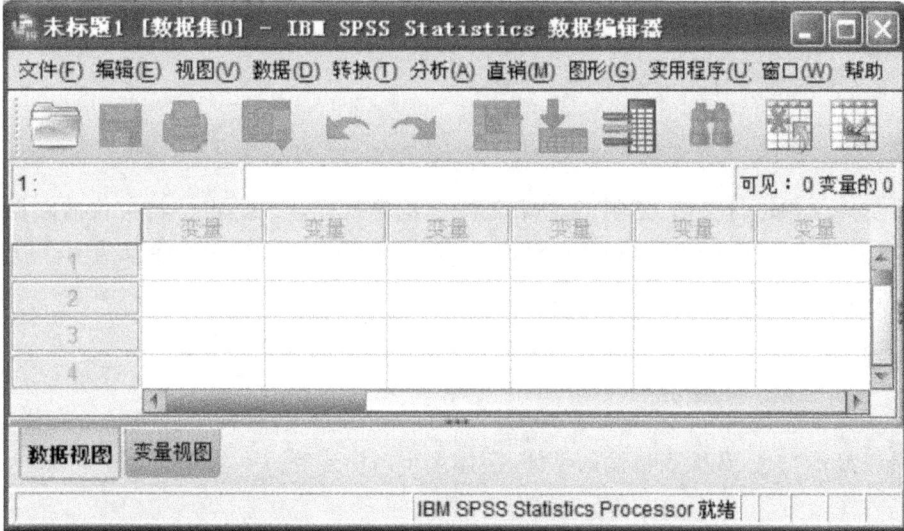

图 1-3　数据视图窗口

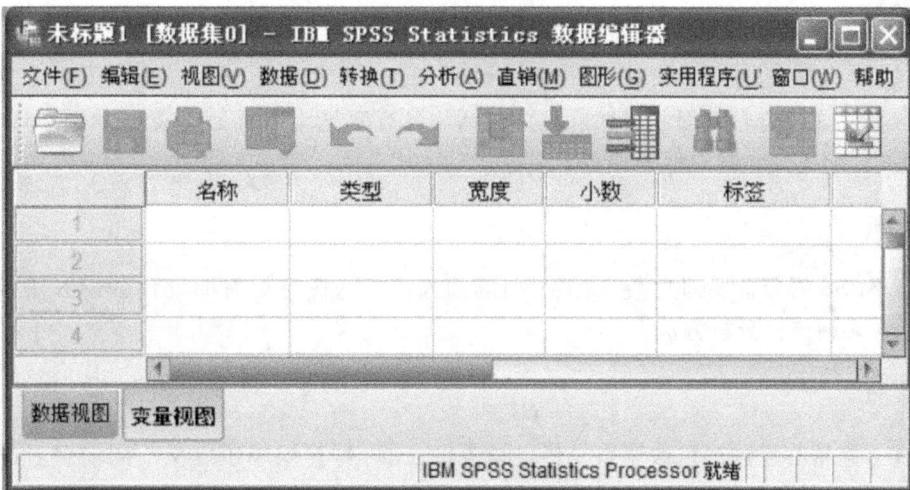

图 1-4　变量视图窗口

数据视图窗口主要用于数据的输入、修改及查看资料中各变量的内容。变量视图窗口主要用于定义数据文件的变量及其属性。

(二)数据编辑器 11 个主菜单内容简介

1. 文件

对数据库文件(＊.sav)或程序文件(＊.sps)进行打开、保存、打印等管理。常用的有"新建"(建立新数据库或程序文件)、"打开"(打开各种类型文件)、"保存"(保存文件)、"另存为"、"显示数据文件信息"、"打印"和"退出"等命令。

2. 编辑

对数据库文件进行剪切、复制、粘贴和清除等编辑操作,查找、定位特定行的数据,插入个案和变量。在"选项"命令中可以设置 SPSS 的运行环境。"选项"子命令又含有 11 个选择项设置,可对输出字体及大小、表格格式进行设置。

3. 视图

对屏幕视图进行调节。设定数据编辑器窗口的显示方式,选择是否显示状态栏、网格线,设置工具栏显示方式,数据表格区的字体、字体大小与样式等。

4. 数据

用于数据文件的建立和编辑。定义变量属性、定义日期变量,对数据进行排序、选取、合并和拆分等。

5. 转换

对数据库文件进行整理和转换管理。包括用已有变量计算新变量、数据重新编码、生成时间序列变量、随机数和缺失值操作等。

6. 分析

包含 SPSS 的最重要部分,它提供了功能强大、齐全、应有尽有的统计分析方法,含 23 个主命令、90 多种统计分析方法。

7. 直销

提供一组精心设计的可改善直销活动效果的工具,可标识用于定义不同消费者群体的人口统计学、购买等特征,针对特定目标群体最大限度地提高正面响应率。

8. 图形

包括所有的 SPSS 绘图功能。最常用的有条形图、线图、面积图、饼图、箱图、误差条形图、散点/点状图和直方图等。

9. 实用程序

包含变量信息、文件信息、定义和使用集合、主菜单编辑器等。

10. 窗 口

SPSS 主窗口的呈现方式设定及窗口的切换,显示已打开的数据文件名。

11. 帮 助

提供各种类型的 SPSS 帮助。显示图形化自学教程(SPSS 各统计分析方法指导)、链接 SPSS 官方网站和提供 SPSS 版本的信息等。

为方便操作,SPSS 软件把菜单项中常用命令放在工具栏里,当鼠标停留在某个根据按钮上时,会自动显示当前按钮的功能提示。另外也可以依次单击主菜单"视图→工具栏→设定…"打开选项设置界面对工具栏按钮进行自定义。

三、建立数据文件

在利用统计软件进行统计分析之前,必须建立可分析的数据文件,即把生产科研工作过程中采集的各种信息、数据录入到 SPSS 数据编辑器窗口,并进行保存。数据文件是由变量和变量的数据组成的,因此,编辑数据文件无非是要定义变量和输入数据。下面分别介绍。

(一)定义变量

在输入数据之前,为了计算及结果输出阅读方便,应首先定义数据的名称(变量名)、类型、大小和性质。

启动 SPSS,进入 SPSS 数据编辑器窗口(系统默认为"数据视图"窗口),单击窗口左下方"变量视图"标签,或在"数据视图"窗口,双击某个变量名也可以进入变量视图界面(图 1-4),即可对变量的各个属性进行设置。

1. 名称(Name)

用于设定变量名。光标置于"名称"列对应的第一行,在单元格内输入第一个变量名。SPSS 中变量名可用英文或中文。从 SPSS 12.0 起,变量名最多可以长达 64 个字节,完全可以满足各种情况下的需要,变量名首字符应该是英文或中文,其后可为数字等,但下划线和圆点不能作为最后一个字符。对变量命名的目的只是为了在数据处理时有助于记忆,可根据资料的具体情况进行命名,以简明扼要、便于记忆为原则。若没有特意地定义变量,比如只是在数据视图中输入数据,那么变量视图的第一列属性"名称"给出的是默认变量名 VAR00001、VAR00002、VAR00003 等。

2. 类型(Type)

用于定义变量的类型。常用的 SPSS 中的变量有 3 种:数据型、字符型和日期型。在变量视图窗口中单击"类型"列中某个已定义变量所在的单元格,再单击单元格右侧出现的██按钮,弹出如图 1-5 所示的定义变量类型的对话框。单击选中相应的单选框,再单击"确认"按钮即可完成设置。

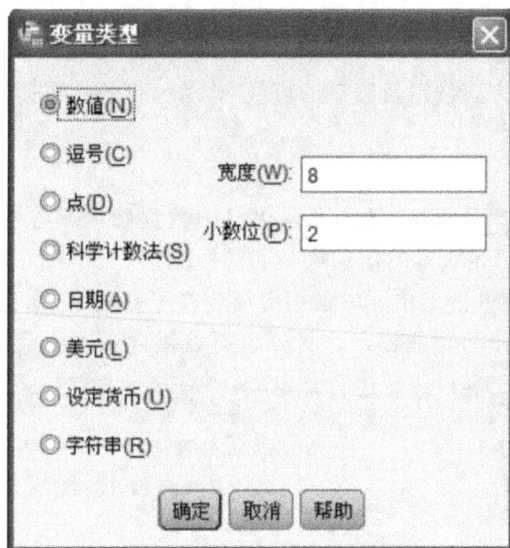

图 1-5 定义变量类型对话框

在图 1-5 的左边出现 8 种可供选择的变量类型,如表 1-1 所示。系统默认变量为数值型,一般情况下默认的数值型可以满足大多数资料的分析。

表 1-1 8 种可供选择的变量类型

数值(Numeric)	标准数值型
逗号(Comma)	带逗号的数值型,显示时整数部分自左向右每隔 3 位用逗号作分隔符,用圆点作小数点,如 345,618.92
点(Dot)	圆点数值型,显示时整数部分自左向右每隔 3 位用圆点作分隔符,用逗号作小数点,如 345.618,92
科学计数法(Scientific notation)	科学记数法,如 $1.3E-0.7$
日期(Date)	日期型
美元(Dollar)	带有美元符号的数值型
设定货币(Custom currency)	自定义型,只能在命令窗口使用
字符串(String)	由字符串组成,不能参加算术计算

3. 宽度(Width)

设置变量运算长度,系统默认为 8,一般不用更改。当变量为日期型时无效。

4. 小数(Decimals)

设置数值变量的小数位,系统默认为 2,可依分析数值的具体情况更改。这里的小数点位并不影响运算过程的精度,只改变输入数据的显示宽度。当变量为非数值型时无效。

5. 标签(Label)

对变量名作进一步的描述,以便在结果输出时方便阅读。

6. 值(Values)

标签值是对变量的每个取值作进一步的描述,尤其方便分类变量的输入和显示。

7. 缺失(Missing)

在收集到的统计原始数据中,往往会由于记录错误出现一些明显不合理的数据(如用数值1代表男性,用数值2代表女性的性别变量中出现了数值3),或者由于某种原因,出现数据缺失现象。这些数据如果不进行特殊处理就直接参与统计分析,将会影响到分析结果的准确性。SPSS 可以利用定义缺失值的方法来指定用户缺失值,将这些存在问题的数据与正常数据区分开来,SPSS 提供了一些特定的方法对这些缺失值进行处理。

8. 列(Columns)

设置变量的显示宽度,指在数据编辑器窗口中该变量占的字符列数,它不同于变量值的宽度。

9. 对齐(Align)

用于设置变量值在单元格中的对齐方式,有左对齐、右对齐和中间对齐。系统默认右对齐。

10. 度量标准(Measure)

定义变量的测量尺度。
第 7 至第 10 项均可遵从 SPSS 系统默认设置,一般情况下不必修改。
定义变量的具体操作可参见本书之后不同章节统计分析的数据输入相关部分。

(二)数据输入

SPSS 数据录入编辑窗支持鼠标的拖放操作,具有复制、粘贴等命令,可利用这些功能方便、快速地输入数据,或把其他格式数据文件转换成 SPSS 格式文件。

1. 在数据编辑窗口直接输入数据

变量定义好以后,单击数据编辑器窗口左下角的“数据视图”标签,进入数据视图界面,就可以输入数据,建立新的数据文件。

2. 打开已存在的数据文件

在 SPSS 中不但可以打开 SPSS 格式的数据文件,即后缀是“sav”格式的文件,还可直接读取 Excel 文件(* . xls)、数据库文件(* . dbf)、文本文件(* . txt)等。
打开数据文件的具体步骤如下。
(1)选择菜单“文件→打开→数据”命令,或者在工具栏上单击“打开数据文档”图标，打开图 1-6 所示的对话框,在文件类型中选择“所有文件”。

图 1-6　打开数据文件的对话框

（2）找到需要打开的数据文件后，双击文件名即可打开文件，也可以选中文件，然后单击"打开"按钮。SPSS 19.0 与以往版本相比，一个新的特色就是可以同时打开多个数据文件，即在打开新的数据文件时，已经打开的数据文件不会被关闭或覆盖，方便用户在不同的数据文件之间进行数据操作。

3. 将 Word 中的数据表格调入 SPSS

如果 Word 表格中全部都是数值，则可以选中表格，选择拷贝命令；然后切换到 SPSS，再执行粘贴命令，数据就会全部转入 SPSS，并且原来的单元格会自动对应为 SPSS 中的单元格。此时再定义相应的变量名即可。

（三）数据文件的保存

单击菜单"文件 → 保存"（或"另存为"），选择保存文件的地址和文件名填写入对话框中。通常 SPSS 默认的数据文件类型为 *.sav(后缀的".sav"不必输入，系统自动生成)。同时也可以保存为其他 Excel（*.xls）、数据库文件（*.dbf）、多种 SAS 和 Stata 等文件类型，可在单击"另存为"命令后弹出的"将数据保存为"对话框中，在"保存类型"的下拉列表菜单中选择不同数据文件名的后缀，并在键入数据文件名后，按"保存"按钮，便可把数据存储为相应类型的数据文件。

第二章 资料的描述性统计分析

通过试验或调查获得的原始数据资料,往往是零乱的,无规律可循,不能直接考察其潜在的特征,所以首先要进行描述性统计分析,使之条理化,便于进一步深层次的统计分析,同时也能对资料的统计特征有大致的了解。资料的描述性统计分析主要内容有:计算资料数据的基本统计特征,包括集中趋势特征和离散趋势特征;用统计表、统计图展示资料,以便通过简单形式直观反映资料的基本特征和变化趋势。

一、描述性统计分析

SPSS 描述性分析过程主要用来对连续型变量进行描述性统计分析,计算并列出一系列相应的统计指标,包括平均值、算术和、标准差、最大值、最小值、方差、全距、均值标准误、偏度和峰度等,并且可以将原始数据转换成标准 Z 分值存入数据库,即在数据集中生成一个新的变量,该变量自动命名为"Z+源变量",以便后续分析时用。

例 2.1 测量了 6 个鸡蛋的长(mm)、宽(mm)和重(g),结果如图 2-1 所示。

	蛋长	蛋宽	蛋重
1	56.72	48.42	53.21
2	54.32	47.94	52.87
3	53.38	47.36	50.34
4	55.36	48.22	53.23
5	52.22	46.28	50.12
6	52.56	46.12	50.01

图 2-1 例 2.1 数据输入格式

(一)数据输入

(1)点击数据编辑器窗口底部的"变量视图"标签,进入"变量视图"窗口,分别命名变量:"蛋长"、"蛋宽"、"蛋重",小数位依题意均定义为 2。如图 2-2 所示。

	名称	类型	宽度	小数
1	蛋长	数值(N)	8	2
2	蛋宽	数值(N)	8	2
3	蛋重	数值(N)	8	2

图 2-2 例 2.1 资料的变量命名

(2)点击数据编辑器窗口底部的"数据视图"标签,进入"数据视图"窗口,按图 2-1 的格式输入数据。

(二)统计分析

1.简明分析步骤

分析→描述统计→描述
变量:蛋长、蛋宽、蛋重　　　　　要分析的变量为蛋长、蛋宽、蛋重
选项:
☑ 均值
☑ 标准差
☑ 最小值
☑ 最大值
☑ 均值的标准误
☑ 峰度
☑ 偏度
继续
确定

2.分析过程说明

(1)依次单击主菜单"分析→描述性统计→描述",打开图 2-3 所示的"描述性"对话框,单击箭头 ，将变量"蛋长"、"蛋宽"、"蛋重"置入"变量"框内。在图 2-3 左下方有一个"将标准化得分另存为变量"复选框,若选中,表示对选中变量计算标准化后的数据(Z 分值),并且作为新变量保存到数据窗中。

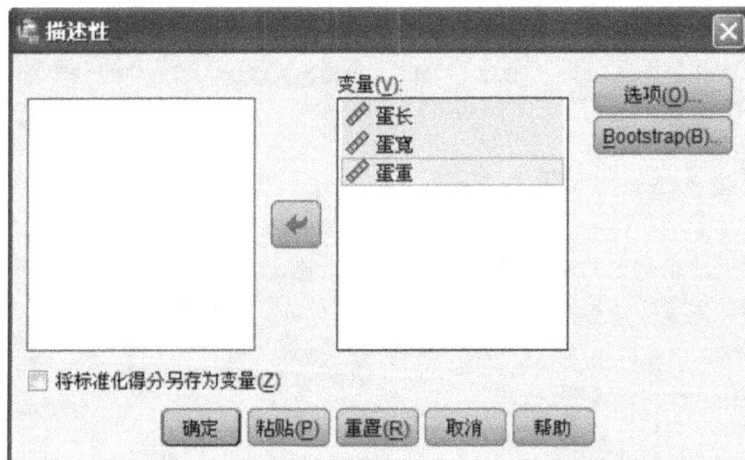

图 2-3 "描述性"对话框

（2）单击"选项"按钮,打开如图 2-4 所示的"描述:选项"对话框。选中"均值"、"标准差"、"最小值"、"最大值"、"均值的标准误"、"峰度"和"偏度"。单击"继续"按钮,返回图 2-3,单击"确定"按钮,输出表 2-1 所示描述性分析结果。

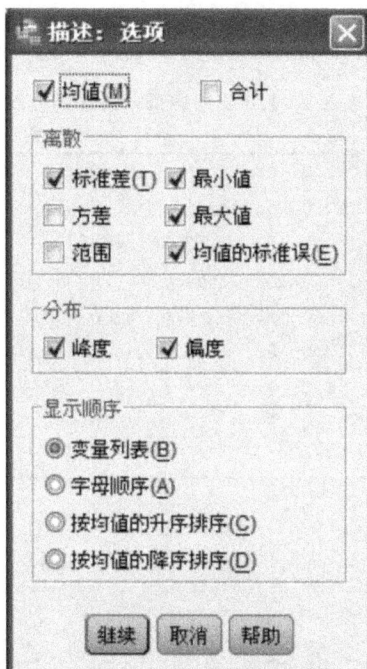

图 2-4　"描述:选项"对话框

表 2-1　描述统计量

	N 统计量	极小值 统计量	极大值 统计量	均值		标准差 统计量	偏度		峰度	
				统计量	标准误		统计量	标准误	统计量	标准误
蛋长	6	52.22	56.72	54.093 3	0.705 33	1.727 69	0.560	0.845	−0.885	1.741
蛋宽	6	46.12	48.42	47.390 0	0.404 07	0.989 77	−0.490	0.845	−2.011	1.741
蛋重	6	50.01	53.23	51.630 0	0.662 38	1.622 50	0.007	0.845	−3.219	1.741
有效的 N(列表 状态)	6									

（三）结果说明

表 2-1 列出了资料的描述性集中趋势、离散趋势和分布形态的统计量。其中偏度是描述分布形态对称性的统计量。偏度系数等于 0 的时候属于正态分布;偏度系数大于 0 的时候是右偏分布,表明较低的值占多数;偏度系数小于 0 的时候为左偏分布,表明较高的值占多数。峰度是描述资料分布形态扁平程度的统计量。峰度等于 0 的时候表示数据分布的扁平程度适中,即正态分布;峰度大于 0 的时候表示数据呈扁平分布;峰度小于 0 则表明数据呈尖峰分布。

二、次数分布表的编制

例 2.2　调查了 126 头基础母羊的体重,资料见表 2-2。

表 2-2　126 头基础母羊的体重资料

kg

53.0	50.0	51.0	57.0	56.0	51.0	48.0	46.0	62.0	51.0	61.0	56.0	62.0	58.0	46.5
48.0	46.0	50.0	54.5	56.0	40.0	53.0	51.0	57.0	54.0	59.0	52.0	47.0	57.0	59.0
54.0	50.0	52.0	54.0	62.5	50.0	50.0	53.0	51.0	54.0	56.0	50.0	52.0	50.0	52.0
43.0	53.0	48.0	50.0	60.0	58.0	52.0	64.0	50.0	47.0	37.0	52.0	46.0	45.0	42.0
53.0	58.0	47.0	50.0	50.0	45.0	55.0	62.0	51.0	50.0	43.0	53.0	42.0	56.0	54.5
45.0	56.0	54.0	65.0	61.0	47.0	52.0	49.0	49.0	51.0	45.0	52.0	54.0	48.0	57.0
45.0	53.0	54.0	57.0	54.0	54.0	45.0	44.0	52.0	50.0	52.0	52.0	55.0	50.0	54.0
43.0	57.0	56.0	54.0	49.0	55.0	50.0	48.0	46.0	56.0	45.0	45.0	51.0	46.0	49.0
48.5	49.0	55.0	52.0	58.0	54.5									

（一）数据输入

(1)点击数据编辑器窗口底部的"变量视图"标签,进入"变量视图"窗口,命名变量:"体重",小数位定义为 1。如图 2-5 所示。

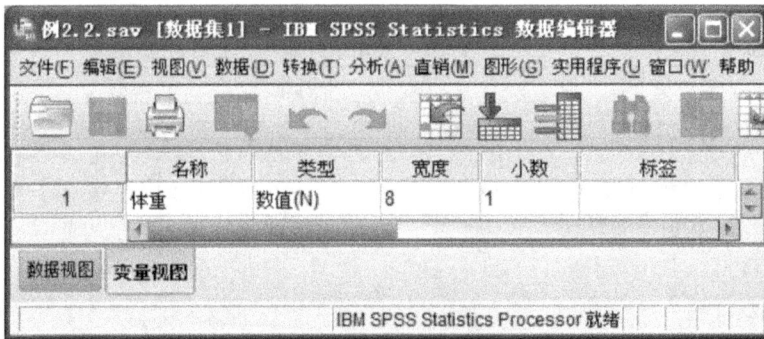

图 2-5　例 2.2 资料的变量命名

(2)点击数据编辑器窗口底部的"数据视图"标签,进入"数据视图"窗口,按图 2-6 的格式将 126 头基础母羊的体重数据分别输入到变量名为"体重"的各个单元格内。

（二）求均值、标准差、最大值、最小值和范围

(1)依次单击主菜单"分析→描述统计→描述",打开图 2-7 所示对话框,单击箭头 ➡ ,将变量"体重"置入"变量"框内,单击"选项"按钮,打开图 2-8 对话框。
(2)选中均值、标准差、最小值、最大值和范围。

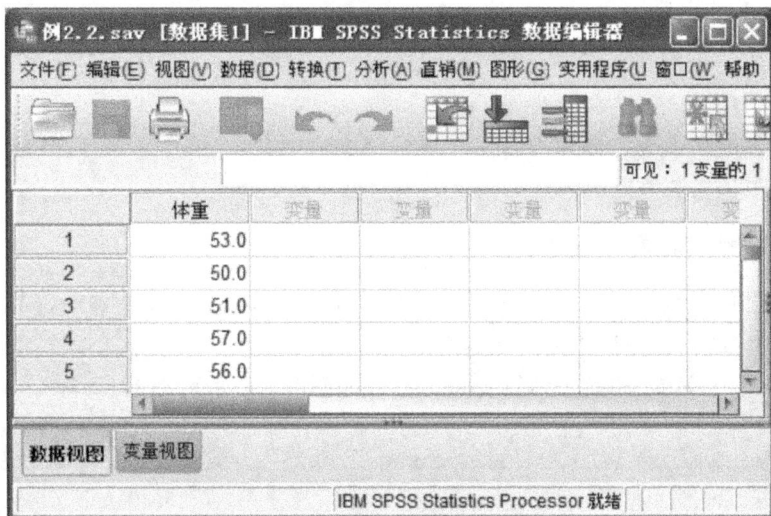

图 2-6　例 2.2 数据输入格式

图 2-7　求"体重"的描述性指标

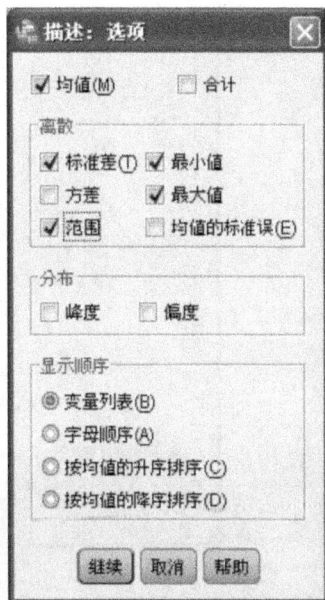

图 2-8　描述性统计指标选项

(3)单击"继续"按钮,返回图 2-7,单击"确定"按钮则输出表 2-3 所示结果。

表 2-3　126 头基础母羊数据的基本统计指标的描述性统计

	N	范围	最小值	最大值	均值	标准差
体重	126	28.0	37.0	65.0	51.762	5.177 9
Valid N (listwise)	126					

表 2-3 表示:126 头母羊体重的平均数 $\bar{x} = 51.762$,标准差 $s = 5.177\,9$,范围 $R = 28.0$,最大体重 $=65.0$,最小体重 $=37.0$。

(三)分组

根据样本含量初步确定分为 10 组。

组距＝全距／组数＝28.0/10≈3.0

第一组下限＝最小值－$\frac{1}{2}$组距＝37.0－$\frac{1}{2}$×3＝35.5≈36

分组的组限依次为 36.0～,39.0～,42.0～,45.0～,48.0～,51.0～,54.0～,57.0～,60.0～,63.0～。统计各组段中的头数(次数),操作如下:

(1)依次单击主菜单"转换→计算变量",打开如图 2-9 所示对话框。

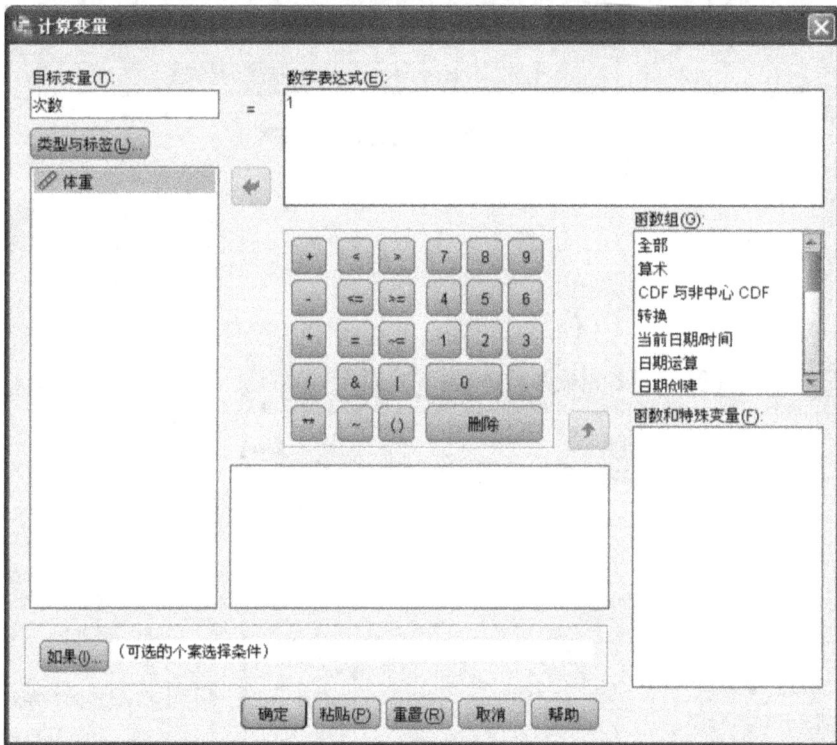

图 2-9　变量转换对话框

(2)在"目标变量"框内键入变量名"次数"(用于标识观察值所属的组段),在"数字表达式"框内输入第一组代码"1"。

(3)单击图 2-9 左下方"如果"按钮,打开图 2-10 所示对话框,选中"如果个案满足条件则包括"。

(4)单击图 2-10 中键盘键,依次把"体重＞＝36.0 & 体重＜39.0"输入到条件表达框内(注意:＞＝要键入键盘中的 >= 键),再单击"继续"按钮,返回图 2-9,单击"确定"按钮。此时便会在数据视图窗口变量名为"体重"右边产生一个变量名为"次数"的新变量名。凡是体重在36.0～39.0(不包含 39.0)的记录,其相应的"次数"变量列的值为 1(代码)。即凡是观察值位于 36.0～39.0 之间均用代码 1 表示。

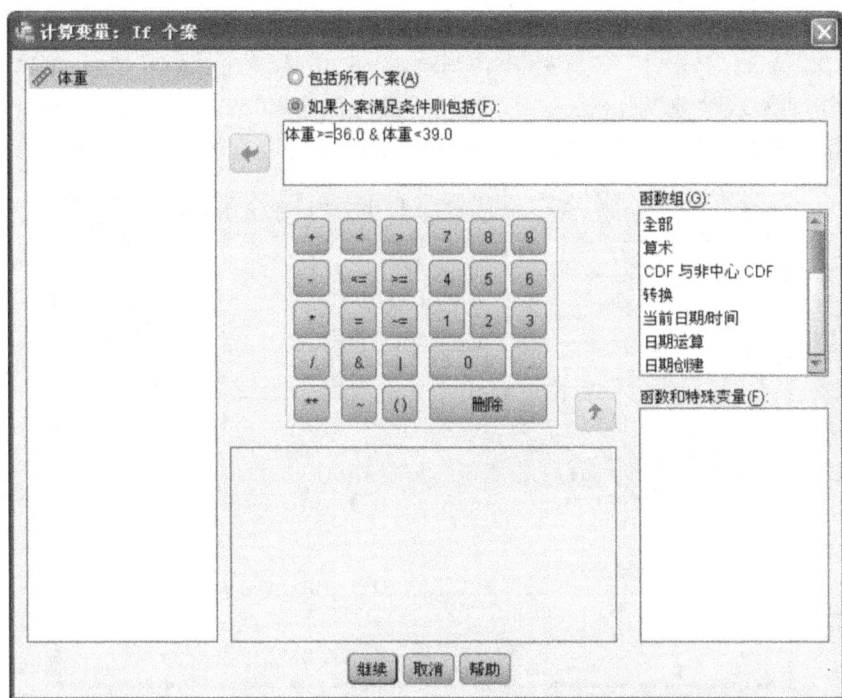

图 2-10　单击图 2-9 中"如果"按钮所弹出的条件语句对话框

（5）完成对 36.0～39.0 组的操作后，再重复上述（1）～（4）步操作，不同的是第（2）步要把数字改为 2（代码），在第（4）步应键入"体重＞＝39.0 ＆ 体重＜42.0"，依此类推，完成上述 10 个组段的操作。

注意：在进行第二组（如 39.0～42.0 组）的分组操作过程中，将会产生一个如图 2-11 所示的对话框，此时可单击"确定"按钮以取代进行第一组分组过程中所产生的缺省值。

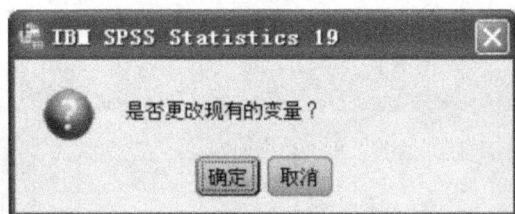

图 2-11　第一组以后的分组所产生的对话框

（四）组段标记

通过分组操作使得"次数"变量中产生 1～10 个相应的代码，最好能对该 10 个不同的代码进行标记，否则在输出的结果中，将不知道各个代码各自所代表的内容是什么。"次数"变量标记操作方法如下。

（1）单击数据编辑窗口底部的"变量视图"标签，进入"变量视图"窗口。将鼠标移至"次数"变量相应的"值"列的单元格中，单击鼠标左键，再单击单元格中右边出现的按钮 ，则弹出

图 2-12 所示对话框。在"值"框内分别输入变量值的代码,在"标签"框内输入代码所代表的内容。如第 1 次"值"框内输入"1","标签"框内则输入"36.0～",单击"添加"按钮,将输入的内容置入"添加"框内;第 2 次"值"框内输入"2","标签"框内则输入"39.0",再单击"添加"按钮,将输入的内容置入"添加"框内。余类推。"更改"和"删除"按钮可对输入的内容进行修改或删除。

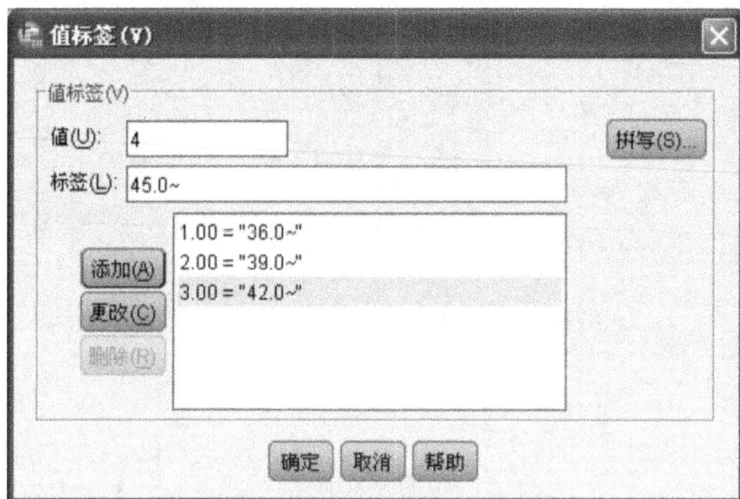

图 2-12　"次数"变量值的标记方法

(2)完成对各代码的标记操作后,单击"确定"按钮,即完成对变量值的标记工作。

(五)求各组段次数

(1)依次单击主菜单"分析→描述统计→频率",打开图 2-13 所示对话框,单击箭头 ,将变量"次数"置入"变量"框内。

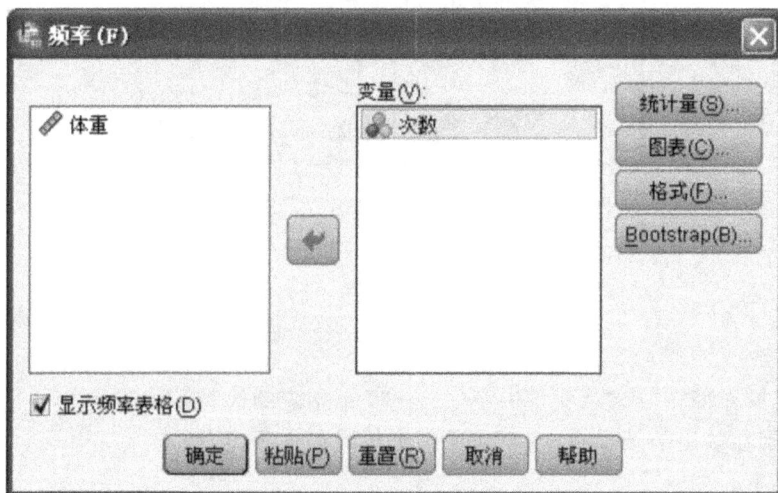

图 2-13　求各组段次数的对话框

(2)单击"确定"按钮,则输出如表 2-4 所示结果。

表 2-4 126 头基础母羊体重次数分布表

		Frequency 次数	Percent 频率	Valid Percent 有效频率	Cumulative Percent 累计频率
Valid	36.0~	1	0.8	0.8	0.8
	39.0~	1	0.8	0.8	1.6
	42.0~	6	4.8	4.8	6.3
	45.0~	18	14.3	14.3	20.6
	48.0~	26	20.6	20.6	41.3
	51.0~	27	21.4	21.4	62.7
	54.0~	26	20.6	20.6	83.3
	57.0~	12	9.5	9.5	92.9
	60.0~	7	5.6	5.6	98.4
	63.0~	2	1.6	1.6	100.0
	Total	126	100.0	100.0	

三、常用统计图

SPSS 软件系统提供了许多绘制统计图形的方法。常用的统计图有条形图、饼图、线图和直方图。

(一)条形图(直条图)

条形图一般用于(归类)资料,主要适用于彼此独立的资料互相比较。

1.单式条形图

例 2.3 某水稻杂种第二代植株米粒性状的分离情况如表 2-5 所示,请绘制性状分离条形图。

表 2-5 水稻杂种二代植株米粒性状的分离情况

属性分组	次数
红米非糯	96
红米糯稻	37
白米非糯	31
白米糯稻	15

(1)数据输入

单击数据编辑器窗口底部的"变量视图"标签,进入"变量视图"窗口,命名变量分别为:"米粒性状"、"次数"。因为欲在变量"米粒性状"中输入中文(也可用系统默认的数据型,用不同数字表示不同的米粒性状),所以必须定义此变量的类型为"字符型"。操作如下:单击变量"米粒性状"类型列中相应的单元格,弹出对话框(参见图 1-5),选中"字符串",然后单击"确定"按钮,便完成定义工作。变量"次数"小数位依题意定义为 0。如图 2-14 所示。

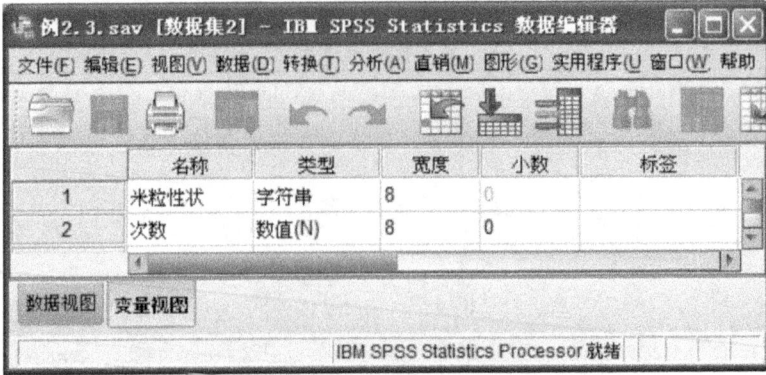

图 2-14 例 2.3 资料的变量命名

单击数据编辑器窗口底部的"数据视图"标签,进入"数据视图"窗口,按图 2-15 的格式输入数据。

图 2-15 例 2.3 数据输入格式

(2)依次单击主菜单"图形→旧对话框→条形图",打开图 2-16 所示对话框,点击图标"简单箱图",选中"个案组摘要",单击"定义"按钮,则打开图 2-17 所示对话框。

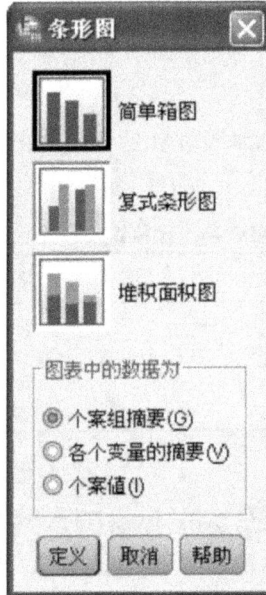

图 2-16 条形图对话框

图 2-16 对话框"图表中的数据为"栏选项说明：

①个案组摘要：观察值分类描述模式，即对变量中的观察值进行分组后绘图。

②各个变量的摘要：变量描述模式，即每个变量生成一个条形图。

③个案值：观察值描述模式，即对应分类轴变量中的每一观测值生成一个条形图。

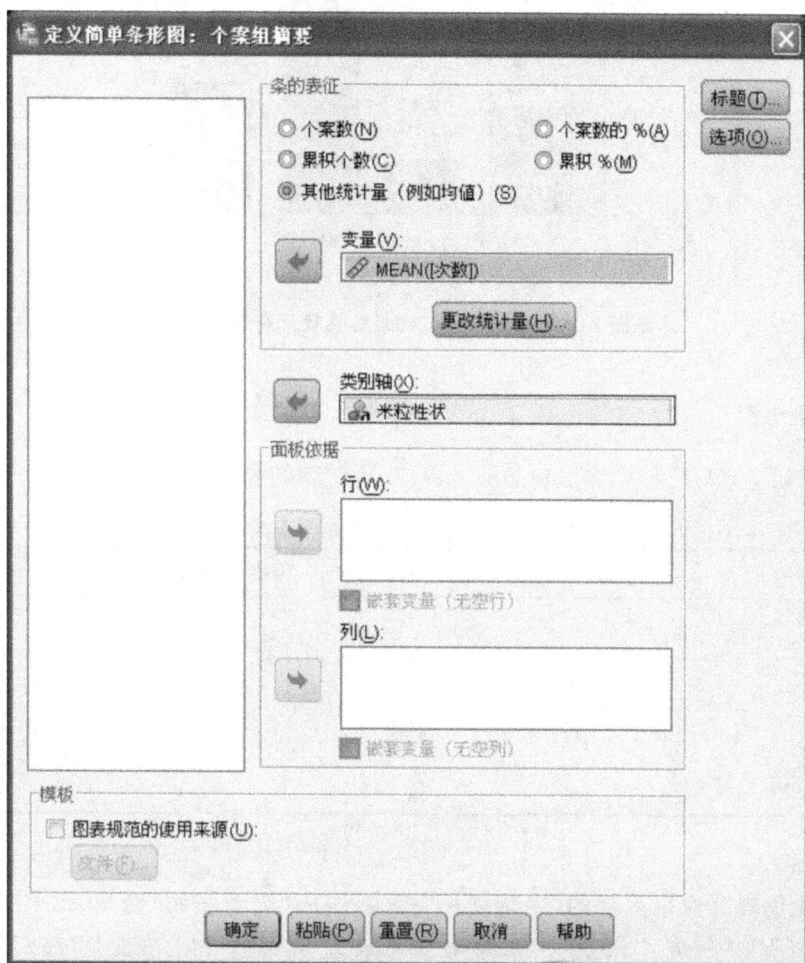

图 2-17　绘制简单条形图的对话框

图 2-17 对话框"条的表征"栏选项说明：

①个案数：以每组观察单位(单元)的例数制图。

②个案数的％：以每组观察单位(单元)的例数的百分比制图。

③累积个数：以每组观察单位(单元)的累积例数(频数)制图。

④累积％：以每组观察单位(单元)的累积百分比制图。

⑤其他统计量：已经过统计加工数据的制图。

(3)在"条的表征"栏选中"其他统计量(例如均值)"项，单击箭头 ➡️，将"次数"变量置入"变量"框内，"米粒性状"变量置入"类别轴"框内，单击"确定"按钮，则输出条形图(图 2-18)。

(4)图形编辑：需要时可双击所选图形，进入图形编辑视窗。可对图形大小、颜色、标题、线条标记等进行修改。

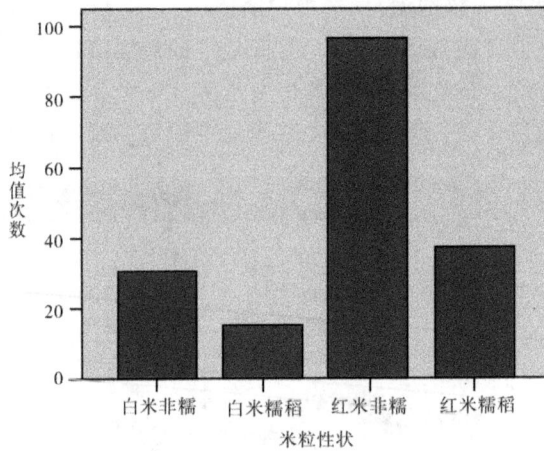

图 2-18　水稻杂种二代米粒性状分离条形图

2.复式条形图

例 2.4　表 2-6 为几种动物性食品的营养成分,试绘制复式条形图。

表 2-6　几种动物性食品的营养成分

百分比(%)	牛奶	牛肉	鸡蛋	咸带鱼
蛋白质	3.3	19.2	11.9	15.5
脂肪	4.0	9.2	9.3	3.7
糖类	5.0	-	1.2	1.8
无机盐	0.7	1.0	0.9	10.0
水分	87.0	62.1	65.5	29.0
其他	-	8.5	11.2	40.0

(1)数据输入

单击数据编辑器窗口底部的"变量视图"标签,进入"变量视图"窗口,命名变量分别为:"品别"、"蛋白质"、"脂肪"、"糖类"、"无机盐"、"水分"、"其他"。因为在变量"品别"中要输入中文,所以必须定义此变量的类型为"字符串"。操作如下:单击变量"品别"类型列中相应的单元格,打开对话框(参见图 1-5),选中"字符串",然后单击"确定"按钮,便完成了定义工作。其他变量小数位依题意都定义为 1。如图 2-19 所示。

	名称	类型	宽度	小数	标签
1	品别	字符串	8	0	
2	蛋白质	数值(N)	8	1	
3	脂肪	数值(N)	8	1	
4	糖类	数值(N)	8	1	
5	无机盐	数值(N)	8	1	
6	水分	数值(N)	8	1	
7	其他	数值(N)	8	1	

图 2-19　例 2.4 资料的变量命名

单击数据编辑器窗口底部的"数据视图"标签,进入"数据视图"窗口,按图 2-20 的格式输入数据。

	品别	蛋白质	脂肪	糖类	无机盐	水分	其他
1	牛奶	3.3	4.0	5.0	.7	87.0	
2	牛肉	19.2	9.2		1.0	62.1	8.5
3	鸡蛋	11.9	9.3	1.2	.9	65.5	11.2
4	咸带鱼	15.5	3.7	1.8	10.0	29.0	40.0

图 2-20　例 2.4 数据输入格式

(2)依次单击主菜单"图形→旧对话框→条形图",打开对话框(参见图 2-16),点击"复式条形图"图标,选中"个案值",单击"定义"按钮,即打开图 2-21 所示对话框,单击箭头 ![箭头] ,将变量"蛋白质"、"脂肪"、"糖类"、"无机盐"、"水分"、"其他"置入"条的表征"框内,再选中"类别标签"栏下的"变量"项,将变量"品别"置入该框内,单击"确定"按钮则输出复式条形(图 2-22)。

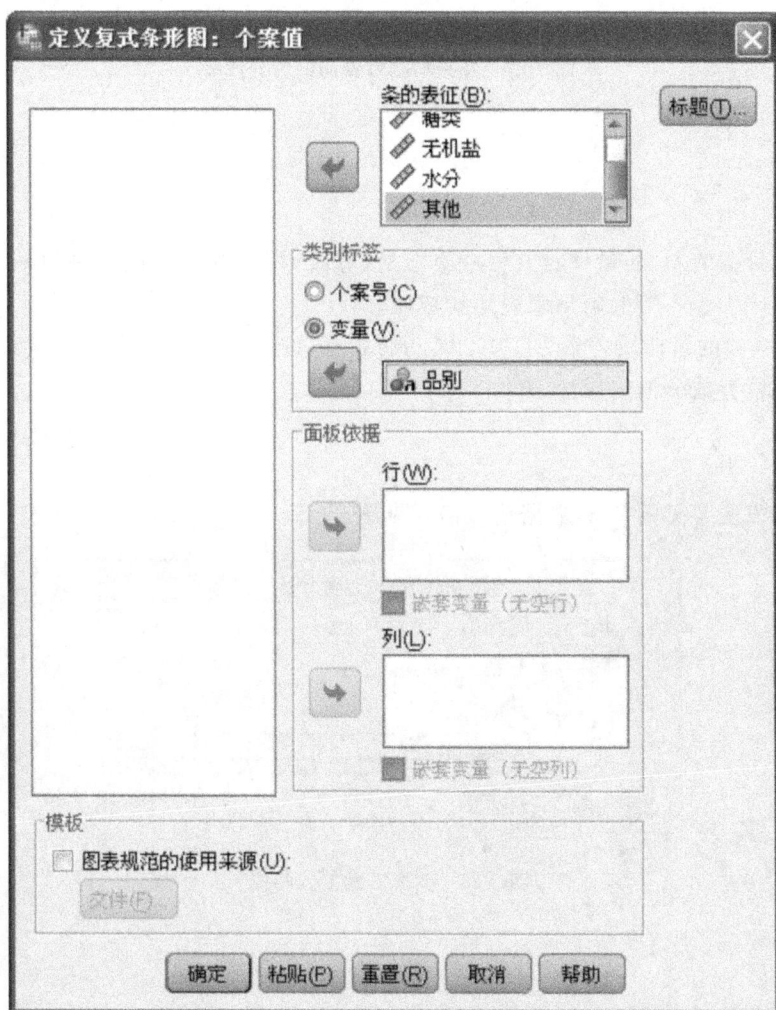

图 2-21　绘制复式条形图的对话框

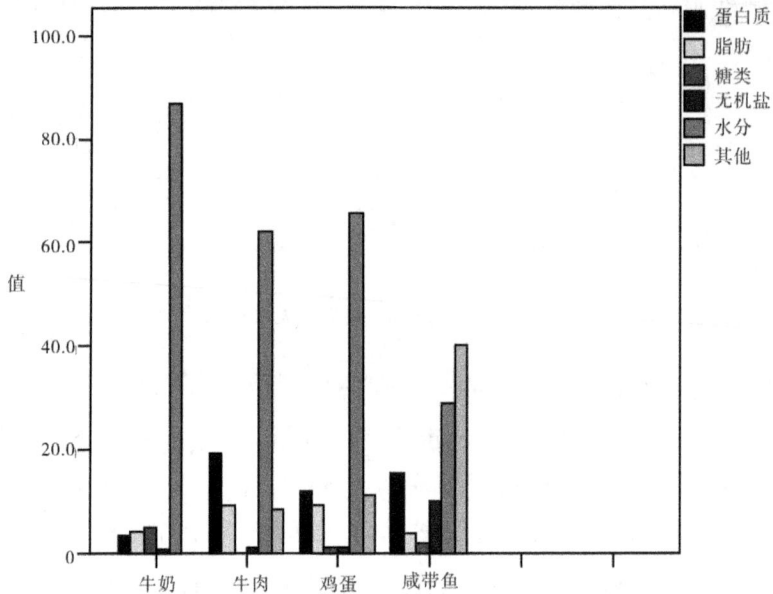

图 2-22   几种动物性食品的营养成分

(二)饼图

用于表示计数资料、质量性状资料或半定量(等级)资料的构成比。饼图是以圆的半径将圆面分割成多个大小不等的扇形来表达构成比。

例 2.5   牛肉的蛋白质含量为 19.2%,脂肪含量为 9.2%,其他成分为 71.6%,请用饼图比较牛肉不同营养成分的构成比(%)。

1.数据输入

变量命名方法参见例 2.3,数据输入格式见图 2-23。

	营养成分	百分比	变量
1	蛋白质	19.2	
2	脂肪	9.2	
3	其他	71.6	

数据视图 变量视图

图 2-23   例 2.5 据输入格式

2.分析步骤

依次单击主菜单"图形→旧对话框→饼图",打开图 2-24 对话框,选中"个案组摘要",单击

"定义"按钮,即打开图 2-25 对话框,选中"变量和",单击箭头 ![right arrow],将"百分比"变量置入"变量"框内,将"营养成分"置入"定义分区"框内,单击"确定"按钮则输出饼图(图 2-26)。

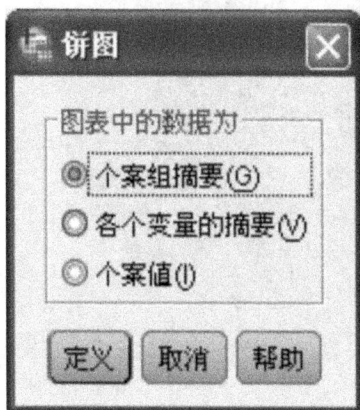

图 2-24 绘制饼图选项对话框

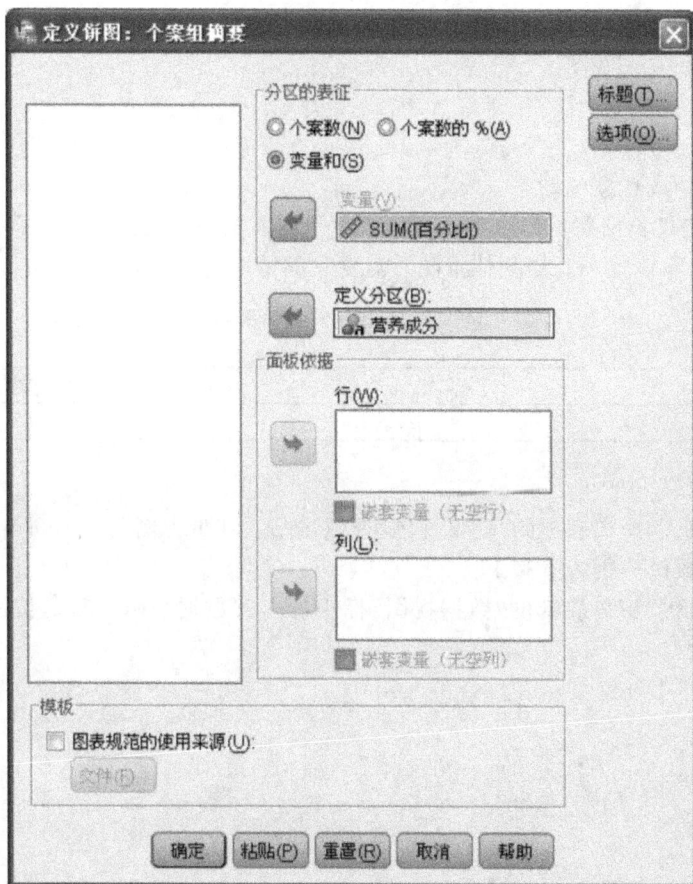

图 2-25 绘制牛肉的不同营养成分构成比的饼图对话框

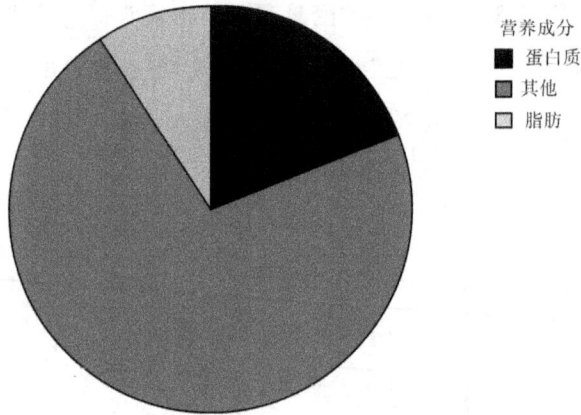

图 2-26 牛肉的不同营养成分构成比

(三)线图

线图适用于连续性计量资料，表示事物或现象因时间、条件的变化而变迁的趋势。常用的线图有单式线图和复式线图。

1. 单式线图

表示某一事物或现象的动态。

例 2.6 某猪场长白猪从出生到 6 月龄出栏平均体重的变化如表 2-7 所示，根据该资料绘制单式线图，以表示该猪场长白猪体重随月龄变化的情况。

表 2-7 长白猪体重的变化

kg

月龄	0	1	2	3	4	5	6
体重	2.0	13.5	27.5	43.0	61.2	83.8	118.5

(1)数据输入。

单击数据编辑器窗口底部的“变量视图”标签，进入“变量视图”窗口，命名变量分别为：“月龄”、“体重”。小数位分别为 0 和 1。

单击数据编辑器窗口底部的“数据视图”标签，进入“数据视图”窗口，按图 2-27 的格式输入数据。

	月龄	体重	变量	变量
1	0	2.0		
2	1	13.5		
3	2	27.5		
4	3	43.0		
5	4	61.2		
6	5	83.8		
7	6	118.5		

图 2-27 例 2.6 数据输入格式

（2）依次单击主菜单"图形→旧对话框→线图"命令，打开图 2-28 所示对话框，选中"简单"及"个案组摘要"命令（这通常为 SPSS 的默认方式）。再单击"定义"按钮，打开图 2-29 对话框，选中"其他统计量（例如均值）"，单击箭头 ![arrow]，将"体重"变量置入"变量"框内，将"月龄"变量置入"类别轴"框内，单击"确定"按钮，则输出单式线图（图 2-30）。

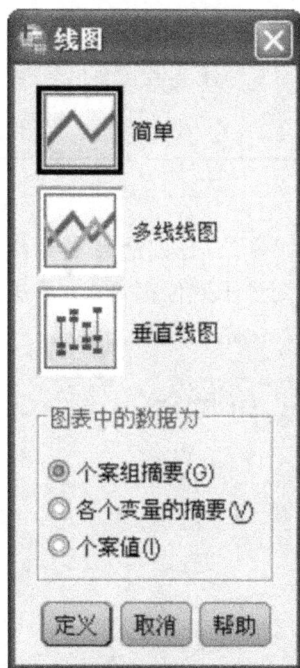

图 2-28　绘制线图选择框　　　　　　图 2-29　绘制单式线图对话框

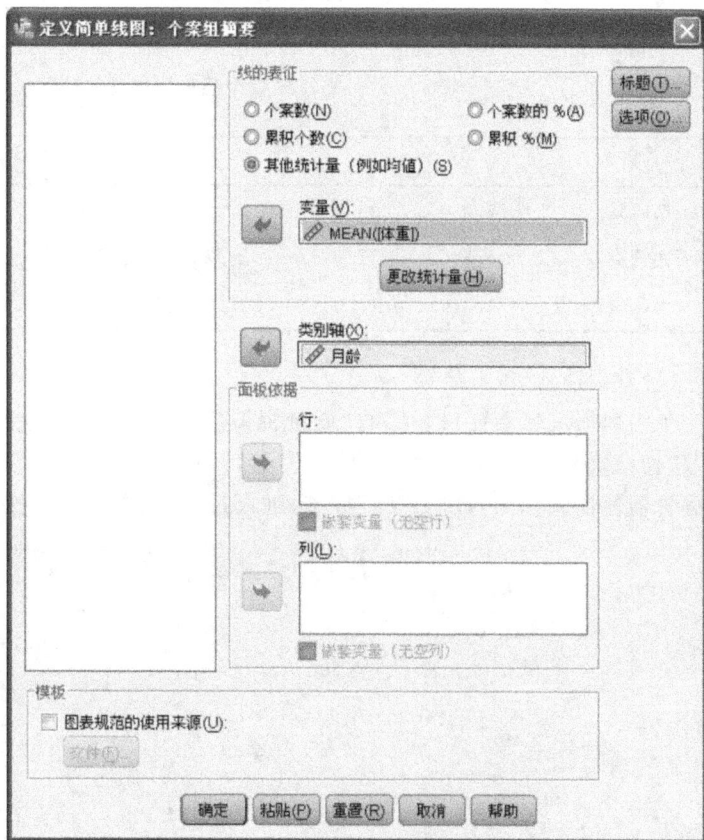

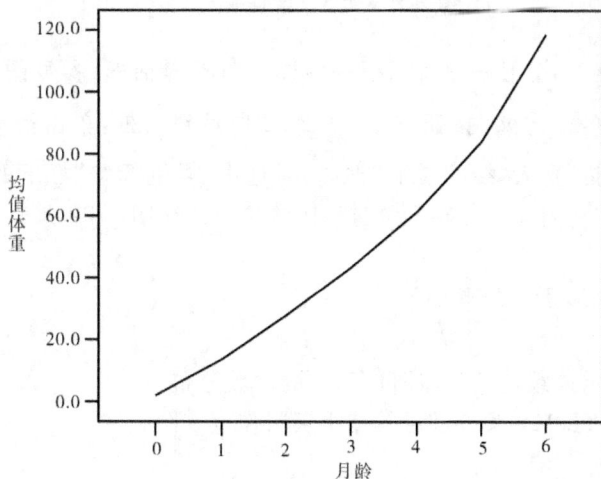

图 2-30　长白猪体重的变化（0～6 月龄）

2.复式线图

在同一图上表示以两条或两条以上曲线表示不同性质或对象的某变量,随时间、条件变化而发生变化的趋势。

例 2.7 长白猪、大约克、大白猪三个品种,从出生到 6 月龄出栏平均体重的变化如表 2-8 所示,根据该资料绘制复式线图。

表 2-8 3 个品种猪体重的变化

kg

月龄	0	1	2	3	4	5	6
长白猪	2.0	13.5	27.5	43.0	61.2	83.8	118.5
大约克	1.8	12.0	24.5	38.0	53.6	72.3	104.5
大白猪	1.6	10.0	21.0	32.0	45.0	60.5	85.7

(1)数据输入。

单击数据编辑器窗口底部的"变量视图"标签,进入"变量视图"窗口,分别命名变量:"月龄"、"长白猪"、"大约克"、"大白猪"。变量"月龄"小数位为 0,其他变量小数位都为 1。单击数据编辑器窗口底部的"数据视图"标签,进入"数据视图"窗口,按图 2-31 的格式输入数据。

图 2-31 例 2.7 数据输入格式

(2)依次单击主菜单"图形→旧对话框→线图",打开对话框(参见图 2-28),单击"多线线图",选中"个案值",单击"定义"按钮,打开图 2-32 所示对话框,单击箭头 ➡,将变量"长白猪"、"大约克"、"大白猪"置入"线的表征"框内,再选中"类别标签"栏下的"变量"项,将"月龄(横坐标)"变量置入该框内,单击"确定"按钮,则输出复式线图(图 2-33)。

(四)直方图(柱形图、矩形图)

直方图适用于表示连续性资料(计量资料)的次数分布。
例 2.8 根据例 2.2 126 头基础母羊体重资料作直方图。

1.数据输入

见图 2-6。

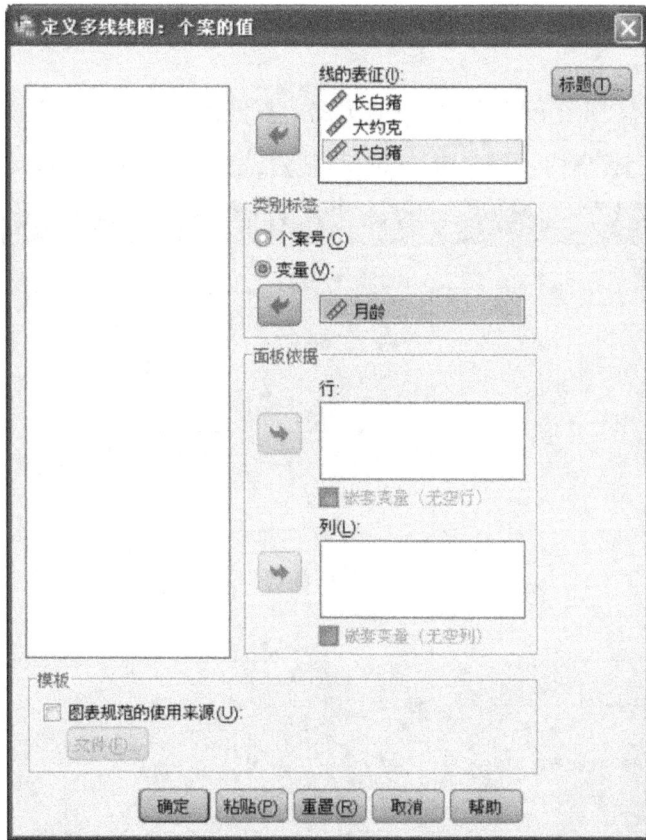

图 2-32　绘制复式线图对话框

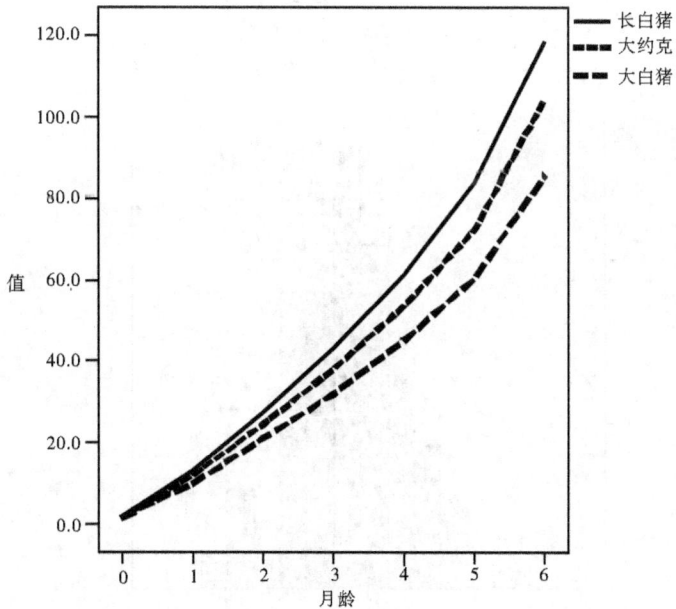

图 2-33　3 个品种猪体重的变化(0～6 月龄)

2.制图步骤

依次单击主菜单"图形→旧对话框→直方图",打开图 2-34 所示对话框,单击箭头 ![箭头]，将变量"体重"置入"变量"框内,单击"确定"按钮,则输出直方图(图 2-35)。

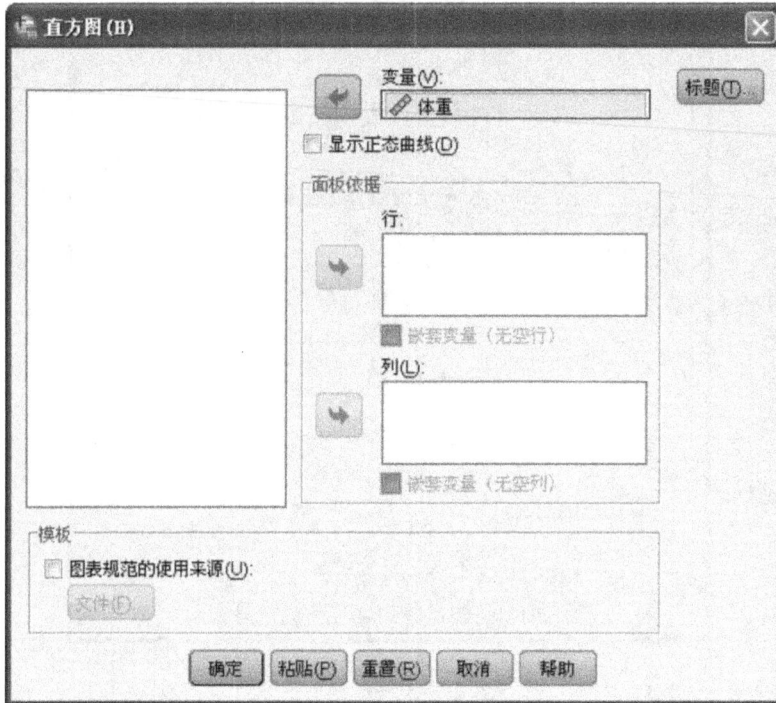

图 2-34　直方图对话框

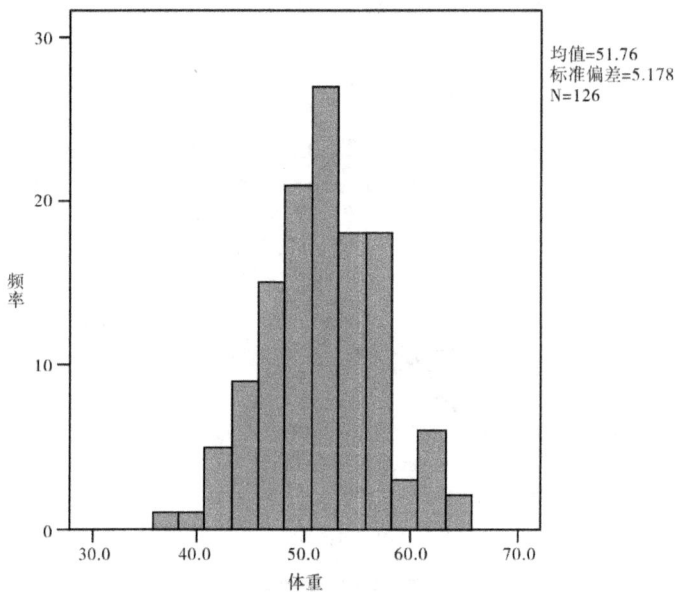

图 2-35　126 头基础母羊体重的次数分布直方图

3.图形说明

图 2-35 表示的是由 SPSS 系统根据原始数值的最大值和最小值自动对变量分组,画出的直方图。右上方图例显示的是 126 头基础母羊体重平均数 $\bar{x} = 51.762$,标准差 $s = 5.178$,样本含量 $n = 126$。

图 2-35 中的组距和组间距都是系统自动生成的,共有 12 组,组间距为 2.5,如果要修改分组数、组间距、图形大小及图颜色、线条等,可以双击直方图,开启图表编辑器窗口进行修改。

第三章　t 检验

一、单样本 t 检验

（一）基本原理和方法

单样本 t 检验用于检验单个变量的均值与给定的检验值 μ_0 之间是否存在显著差异。单样本 t 检验要求样本来自正态分布总体，其基本计算步骤如下。

（1）建立零假设 $H_0 : \mu = \mu_0$ 和备择假设 $H_A : \mu \neq \mu_0$，其中 μ 为样本所在总体的平均数的估计值，μ_0 为已知的检验值。

（2）计算 t 统计量，公式为：

$$t = \frac{\overline{x} - \mu_0}{s_{\overline{x}}} = \frac{\overline{x} - \mu_0}{s / \sqrt{n}},$$

自由度为 $\mathrm{d}f = n - 1$。

（3）计算 t 统计量和其对应的概率 P 值。当 P 值大于显著水平 0.05 时，接受零假设，表明总体均数与检验值 μ_0 差异不显著；当 P 值小于 0.05 时，则拒绝零假设，表明总体均数与 μ_0 差异显著，当 P 值小于 0.01 时，表明总体均数与 μ_0 差异极显著。

（二）例题及统计分析

例 3.1　成虾的平均体重一般为 21 g。在配合饲料中添加 0.5% 的酵母培养物饲养成虾时，随机抽取 16 只对虾，体重为：20.1、21.6、22.2、23.1、20.7、19.9、21.3、21.4、22.6、22.3、20.9、21.7、22.8、21.7、21.3、20.7，试检验在饲料中添加 0.5% 的酵母培养物对成虾体重是否有影响。

1. 数据输入

（1）单击数据编辑器窗口底部的"变量视图"标签，进入"变量视图"窗口，命名变量"成虾体重"，小数位依题意定义为 1。

（2）单击数据编辑器窗口底部的"数据视图"标签，进入"数据视图"窗口，按图 3-1 的格式输入数据。

2. 统计分析

（1）简明分析步骤。

	成虾体重
1	20.1
2	21.6
3	22.2
4	23.1
5	20.7
6	19.9
7	21.3
8	21.4
9	22.6
10	22.3
11	20.9
12	21.7
13	22.8
14	21.7
15	21.3
16	20.7

图 3-1　例 3.1 数据输入格式

分析 →比较均值 →单样本 T 检验
检验变量:成虾体重　　　　　　　　　分析的变量为成虾体重
检验值:键入 21　　　　　　　　　　　已知检验值 μ_0 为 21
确定

(2)分析过程说明。

依次单击主菜单"分析 →比较均值 →单样本 T 检验",打开图 3-2"单样本 T 检验"对话框,选中左边变量"成虾体重",单击箭头 ，将其置入"检验变量"框内,在底部"检验值"框内输入标准值 μ_0"21",单击"确定"按钮,输出表 3-1 和表 3-2。

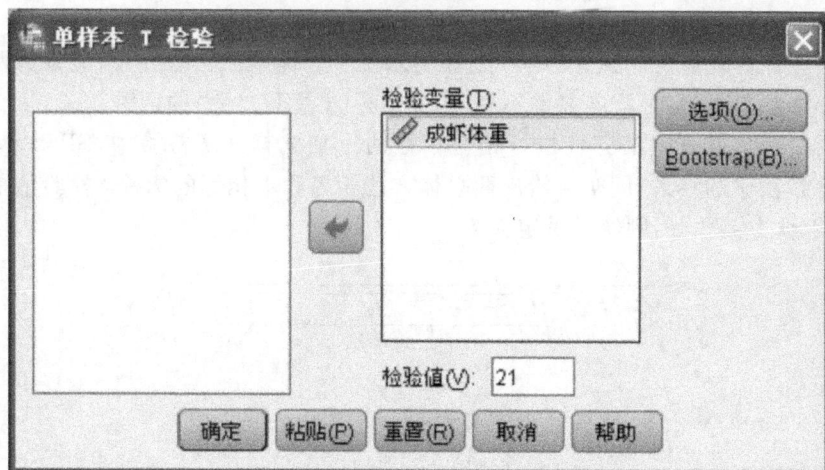

图 3-2　"单样本 T 检验"对话框

表 3-1　基本统计量信息

	N	均值	标准差	均值的标准误
成虾体重	16	21.519	0.928 2	0.232 1

表 3-2　t 检验和 95% 的置信区间

单个样本检验	检验值＝21					
	t	df	Sig.（双侧）	均值差值	差分的 95% 置信区间	
					下限	上限
成虾体重	2.235	15	0.041	0.518 8	0.024	1.013

3.结果说明

表 3-1 表明,样本个数 $n＝16$,样本平均数 $\overline{x}＝21.519$,样本标准差 $s＝0.928\,2$,均值的标准误差 $s_{\overline{x}}＝0.232\,1$。

表 3-2 表明,$t＝2.235$,自由度 $df＝15$;双侧 P 值(Sig)＝0.041<0.05,可以认为在配合饲料中添加 0.5% 的酵母培养物显著地提高了成虾体重。样本均数与检验值数的差值为 0.518 8。

二、两个独立样本的 t 检验

(一)基本原理和方法

两个独立样本的 t 检验,用于对两个不同总体均值之间的差异性是否显著进行检验。两个独立样本又称为非配对样本,是指当进行比较两个处理的试验时,把试验单位随机地分成两个组,然后对两组样本随机地实施一个处理,在这种设计中,两组样本资料是相互独立的。

两个独立样本 t 检验的基本分析步骤如下。

(1)构造零假设 $H_0:\mu_1＝\mu_2$ 和备择假设 $H_A:\mu_1\neq\mu_2$。

(2)构造并计算统计量。独立样本 t 检验要求两个总体服从正态分布,又分为两总体方差相等($\sigma_1^2＝\sigma_2^2$ 方差齐性)和两总体方差不相等($\sigma_1^2\neq\sigma_2^2$ 方差不齐性)的两种检验,因此在 t 检验之前,首先要对两总体方差的齐性进行检验。在两个独立样本 t 检验中,SPSS 会给出 Leneve's 方差齐性检验的结果,同时还给出两总体方差相等和不相等的两种 t 检验结果。

如果两总体方差相等,则统计量定义为:

$$t＝\frac{\overline{x}_1-\overline{x}_2}{s_{\overline{x}_1-\overline{x}_2}}＝\frac{\overline{x}_1-\overline{x}_2}{\sqrt{\frac{(n_1-1)s_1^2+(n_2-1)s_2^2}{n_1+n_2-2}\times(\frac{1}{n_1}+\frac{1}{n_2})}}。$$
$$df＝n_1+n_2-2$$

如果两总体方差不相等,则统计量定义为:

$$t＝\frac{\overline{x}_1-\overline{x}_2}{s_{\overline{x}_1-\overline{x}_2}}＝\frac{\overline{x}_1-\overline{x}_2}{\sqrt{\frac{s_1^2}{n_1}+\frac{s_2^2}{n_2}}},$$

$$df=\frac{(s_1^2/n_1+s_2^2/n_2)^2}{\dfrac{(s_1^2/n_1)^2}{n_1-1}+\dfrac{(s_2^2/n_2)^2}{n_2-1}}。$$

(3)统计推断。在零假设成立的前提下,计算 t 统计量和其对应的概率 P 值。当 P 值大于显著性水平 0.05 时,接受零假设,认为两个总体均值不存在显著差异;当 P 值小于显著性水平 0.05 时,则拒绝零假设,认为两个总体均值存在显著差异。

(二)例题及统计分析

例 3.2　研究两种不同饵料对罗非鱼生长的影响,选取水质、体积等基本相同的 14 个鱼池,随机均分两组进行试验。经一定试验期后的产鱼量列入表 3-3(有一鱼池遭遇意外而缺失数据)。检验两种不同饵料养殖罗非鱼的产鱼量有无显著差异。

表 3-3　两种不同饵料养殖罗非鱼的产鱼量

组　别	产　鱼　量　(kg)						
A 料	578	562	619	544	536	564	532
B 料	642	587	631	625	598	592	

1.数据输入

(1)点击数据编辑器窗口底部的"变量视图"标签,进入"变量视图"窗口,分别命名两变量"组别"和"产鱼量"。两变量的小数位都定义为 0,如图 3-3 所示。"组别"其取值 1 表示 A 料,取值 2 表示 B 料。

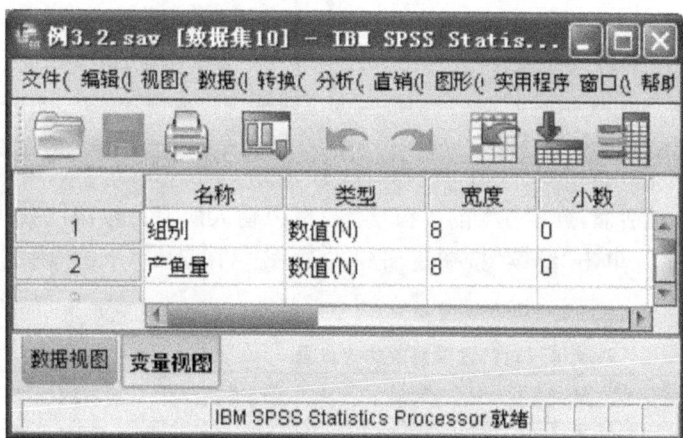

图 3-3　例 3.2 资料的变量命名　　图 3-4　例 3.2 数据输入格式

(2)点击数据编辑器窗口底部的"数据视图"标签,进入"数据视图"窗口,按图 3-4 所示的格式输入数据。

2.统计分析

(1)简明分析步骤。

```
分析→比较均值→独立样本 T 检验
检验变量:产鱼量                       要分析的变量为产鱼量
分组变量:组别                         分组变量为组别
定义组                                定义要检验两组的代码
  组1:键入 1                          1代表 A 料
  组2:键入 2                          2代表 B 料
  继续
确定
```

(2)分析过程说明。

①依次单击主菜单"分析→比较均值 →独立样本 T 检验",打开如图 3-5"独立样本 T 检验"对话框,选中"产鱼量"变量,单击箭头 ,将其置入"检验变量"框内;再将"组别"变量,置入"分组变量"框内。

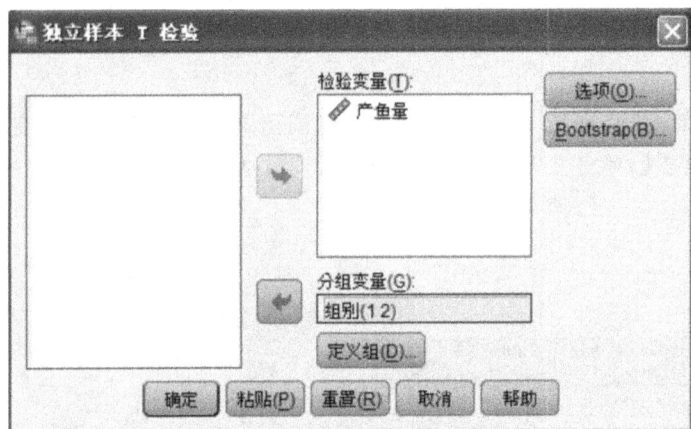

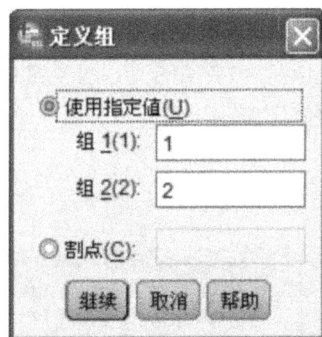

图 3-5 "独立样本 T 检验"对话框　　图 3-6　定义分组的对话框

②单击"定义组"按钮,打开对话框,分别在"组 1"和"组 2"框内输入所要比较组的代码:1(A 料)和 2(B 料),如图 3-6 所示。单击"继续"按钮返回到主对话框(图 3-5),单击"确定"按钮,输出表 3-4 和表 3-5。

表 3-4　两种饵料对产鱼量影响的统计量

	组别	N	均值	标准差	均值的标准误
产鱼量	1	7	562.14	30.025	11.348
	2	6	612.50	23.020	9.398

表 3-5　两种饵料对产鱼量影响的 t 检验结果

		方差方程的 Levene 检验		均值方程的 t 检验						
		F	Sig.	t	df	Sig.（双侧）	均值差值	标准误差值	差分的 95% 置信区间	
									下限	上限
产鱼量	假设方差相等	0.019	0.893	−3.344	11	0.007	−50.357	15.058	−83.500	−17.214
	假设方差不相等			−3.418	10.900	0.006	−50.357	14.734	−82.823	−17.891

3.结果说明

表 3-4 是分析变量的基本统计量:列出的统计量包括样本均数(Mean)、样本个数(N)、标准差(s)和均值的标准误(s_x)。

表 3-5 给出 t 检验结果。首先作方差齐性检验(Levene 检验),当 P 值(Sig)>0.05 时,表明两组方差差异不显著即方差齐性。当 P 值(Sig)<0.05 时,表明两组方差不相等。本例 F =0.019,P=0.893>0.05,故结论为两组方差差异不显著,说明方差齐性,故应选择"假设方差相等"一行的结果:$t=-3.344$,df(自由度)=11,P=0.007<0.01,可以认为 A、B 两种饵料对产鱼量的影响达到极显著水准,即饲喂 B 饵料的产鱼量极显著高于饲喂 A 饵料的产鱼量。

三、配对样本的 t 检验

(一)基本原理和方法

配对设计是指两组样本彼此不独立,又称为成对样本。一般分为自身配对和同源配对两种。

1.自身配对

指同一试验单位在两个不同时间上分别接受前后两次处理,用其前后两次的观测值进行自身对照比较;或同一试验单位的不同部位的观测值或不同方法的观测值进行自身对照比较。如观测某种病畜治疗前后临床检查结果的变化,观测用两种不同处理方法对畜产品或作物中毒物或药物残留量测定的结果变化等。

2.同源配对

指将来源相同、性质相同的两个供试单位配成一对,并设有多个配对,然后对每一配对的两个供试单位随机地实施不同处理,则所得观察值为成对数据。例如将畜别、品种、窝别、性别、年龄、体重相同的两个试验动物配成一对,然后对每一配对的两个个体随机地实施不同处理,或在条件最为近似的两个小区或盆钵中对植株进行两种不同处理。

配对样本 t 检验的数据分析步骤如下：

(1)建立零假设 $H_0 : \mu_d = 0$ 和备择假设 $H_A : \mu_d \neq 0$，其中 μ_d 为两配对样本的取值之差的总体平均数。

(2)计算 t 统计量,公式为: $t = \dfrac{\bar{d}}{S_{\bar{d}}}$, 自由度为 $df = n - 1$。$S_{\bar{d}}$ 为两样本均值差的标准误,计算

公式为: $S_{\bar{d}} = \dfrac{S_d}{\sqrt{n}} = \sqrt{\dfrac{\sum d^2 - (\sum d)^2 / n}{n - 1}}$,其中 d 为两样本各对数据之差, $\bar{d} = \dfrac{\sum d}{n}$; S_d 为 d 的标准差;n 为样本的对子数。

(3)计算 t 统计量和其对应的概率 P 值,做出统计推断。

(二)例题及统计分析

例 3.3　10 只家兔接种某种疫苗前后体温变化如下表,检验接种前后体温是否有显著变化。

表 3-6　10 只家兔接种某种疫苗前后的体温

单位:℃

兔　号	1	2	3	4	5	6	7	8	9	10
接种前体温	38.0	38.2	38.2	38.4	38.4	38.1	38.1	38.2	38.5	38.3
接种后体温	38.4	38.5	38.5	38.8	38.9	38.5	38.7	38.5	38.5	39.0

这是一个自身配对的成对样本资料。

1.数据输入

(1)单击数据编辑器窗口底部的"变量视图"标签,进入"变量视图"窗口,分别命名变量"接种前"和"接种后",小数位都定义为1。

(2)单击数据编辑器窗口底部的"数据视图"标签,进入"数据视图"窗口,按图 3-7 格式输入数据。

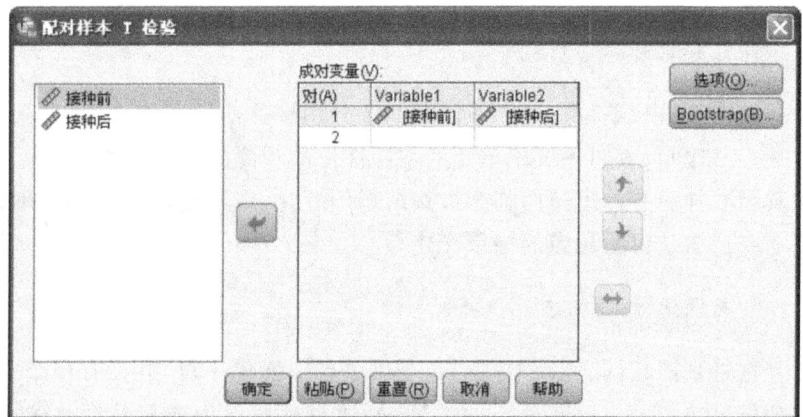

图 3-7　例 3.3 数据输入格式　　　图 3-8　"配对样本 T 检验"对话框

2.统计分析

(1)简明分析步骤。

分析 →比较均值 →配对样本 T 检验
成对变量:接种前—接种后   同时选中两个变量成对选入
确定

(2)分析过程说明

依次单击主菜单"分析 →比较均值 →配对样本 T 检验",打开如图 3-8"配对样本 T 检验"对话框,同时选中两个变量(接种前和接种后),单击箭头 ➡ ,将其置入"成对变量"框内。单击"确定"按钮,输出表 3-7、表 3-8 和表 3-9 所示结果。

表 3-7 接种前后体温的基本统计量

		均值	N	标准差	均值的标准误
对 1	接种前	38.240	10	0.157 8	0.049 9
	接种后	38.630	10	0.205 8	0.065 1

表 3-8 接种前后体温的相关关系

		N	相关系数	Sig.
对 1	接种前 & 接种后	10	0.472	0.168

表 3-9 接种前后体温的 *t* 检验结果

	成对差分					*t*	d*f*	Sig.(双侧)
	均值	标准差	均值的标准误	差分的95%置信区间 下限	上限			
对 1 接种前—接种后	−0.390 0	0.191 2	0.060 5	−0.526 8	−0.253 2	−6.450	9	0.000

3.结果说明

表 3-7 为配对 *t* 检验的描述性统计结果,分别为接种前后平均值、样本例数(N)、样本标准差和均数的标准误。

表 3-8 为接种前后两变量的相关分析,相关系数 r 为 0.472,双侧 P 值(Sig)=0.168>0.05,表明接种前后体温不存在线性相关关系(线性相关概念详见第七章线性相关分析)。

表 3-9 为配对 *t* 检验的结果,两变量之差的均值 $\bar{d}=-0.390$,标准差 $s_d=0.191\,2$,两变量之差的均值的标准误差 $s_{\bar{d}}=0.060\,5$,95%置信区间的上下限分别为−0.526 8 和−0.253 2。

由以上统计结果可知,$t=-6.450$,d*f*(自由度)=9,P(sig.)=0.000<0.01,可以认为接种疫苗前后兔子体温有极显著差异,即接种疫苗可使体温极显著升高。

例 3.4 选生长期、发育进度、植株大小和其他方面皆比较一致的两株番茄构成一组,共得 7 组,每组中一株接种 A 处理病毒,另一株接种 B 处理病毒,以研究不同处理方法的钝化病毒效果,表 3-10 为病毒在番茄上产生的病痕数目,试检验两种方法的差异显著性。

表 3-10   A、B 两法处理的病毒在番茄上产生的病痕数

组　别	1	2	3	4	5	6	7
A　法	10	13	8	3	5	20	6
B　法	25	12	14	15	12	27	18

这是一个同源配对的成对样本资料。

1. 数据输入

(1)单击数据编辑器窗口底部的"变量视图"标签,进入"变量视图"窗口,分别命名变量"A法"和"B法",小数位都定义为0。

(2)单击数据编辑器窗口底部的"数据视图"标签,进入"数据视图"窗口,按图 3-9 的格式输入数据。

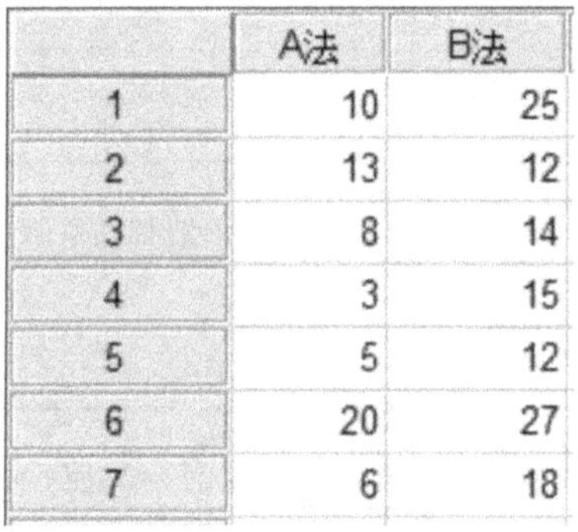

图 3-9   例 3.4 数据输入格式

2. 统计分析

依次单击主菜单"分析→比较均值→配对样本 T 检验",打开"配对样本 T 检验"对话框(参见图 3-8),同时选中两个变量(A 法和 B 法),单击箭头 ➡,将其置入"成对变量"框内。单击"确定"按钮,输出表 3-11、表 3-12 和表 3-13 所示结果(分析方法类似例 3.3)。

表 3-11   两种处理方法结果基本统计量

		均值	N	标准差	均值的标准误
对 1	A 法	9.29	7	5.765	2.179
	B 法	17.57	7	6.133	2.318

表 3-12   两种处理方法结果的相关关系

		N	相关系数	Sig.
对 1	A 法 & B 法	7	0.607	0.148

表 3-13　两种处理方法的 t 检验结果

成对样本检验	成对差分					t	df	Sig.（双侧）
	均值	标准差	均值的标准误	差分的 95％置信区间				
				下限	上限			
对 1　A 法－B 法	−8.286	5.282	1.997	−13.171	−3.400	−4.150	6	0.006

3.结果说明

表 3-11 为成对样本 t 检验的描述性统计结果，A 法和 B 法处理的病痕数目均数分别为 9.29、17.57，样本标准差分别为 5.765、6.133，均数的标准误分别为 2.179、2.318。

表 3-12 为 A 法和 B 法两变量的相关分析，相关系数 r 为 0.607，双侧 P 值（Sig）＝0.148＞0.05，表明 A 法和 B 法处理结果不存在线性相关关系。

表 3-13 为配对 t 检验的结果，两变量之差的均数 $\bar{d}=-8.286$，两变量之差的标准差 $s_d=5.282$，两变量之差的均值的标准误差 $s_{\bar{d}}=1.997$，$t=-4.150$，df（自由度）＝6，$P=0.006<0.01$，即 A、B 两法对钝化病毒的效应有极显著差异。表中其他项类同于例 3.2 的说明。

第四章　方差分析

第三章介绍的 t 检验法能用来进行两个总体平均数的显著性检验,但实际研究中经常需要对 3 个或 3 个以上的总体平均数进行比较,此时若仍采用 t 检验的方法对这些平均数进行两两比较,就会增大犯 I 类错误的概率,故应使用方差分析的方法对多个样本进行均数的显著性检验。

方差分析又称为变异数分析,是英国统计学家 R. A. Fisher 于 1923 年提出的一种统计方法。方差分析简写为 ANOVA,用于检验两个或多个样本均值之间差异的显著性意义。它同样要求各组观察值服从正态分布或近似正态分布,并且各组之间的方差具有齐性。

方差分析的基本思想是把观察值总变异的平方和及其自由度根据不同变异来源,分解为处理效应的组间平方和 SS_A、组间自由度 df_A 和随机误差的组内平方和 SS_E、组内自由度 df_E。进而计算其相应的组间方差(效应均方)MS_A 与组内方差(误差均方)MS_E,构成 F 统计量。如果组间方差显著大于组内方差,则表明不同的处理组均数之间存在差异。具体计算方法见有关生物统计书籍。

根据观测变量的个数,可以将方差分析分为单变量方差分析和多变量分差分析;根据因素的个数,可以将方差分析分为单因素方差分析和多因素分差分析。在 SPSS 中,用于方差分析的命令,包括:One-Way ANOVA(单因素方差分析)、GLM Univariate(单变量多因素方差分析)、GLM Multivariate(多变量多因素方差分析)、GLM Repeated Measure(重复测量方差分析)和 GLM Variance Component(方差分量估计分析)。本章只介绍单因素方差分析和单变量多因素方差分析。

一、单因素方差分析

单因素方差分析即一维方差分析,它适用于只研究一个试验因素的资料,目的在于比较该因素各不同处理(不同水平)对所考察的指标的影响有无显著差异。

单因素方差分析的计算过程,可归纳在一个方差分析表中,方差分析表的结构如表 4-1 所示。

表 4-1　单因素方差分析表

变异来源	平方和	自由度	均方	F
组间(处理)	SS_A	df_A	MS_A	$\dfrac{MS_A}{MS_E}$
组内(误差)	SS_E	df_E	MS_E	
总变异	SS_T	df_T		

例 4.1　5个不同品种猪的育肥试验，后期30 d增重(kg)如表4-2所示。试检验不同品种间增重有无显著差异。

表 4-2　5个品种猪 30 d 增重

品种	增重(kg)					
B_1	21.5	19.5	20.0	22.0	18.0	20.0
B_2	16.0	18.5	17.0	15.5	20.0	16.0
B_3	19.0	17.5	20.0	18.0	17.0	
B_4	21.0	18.5	19.0	20.0		
B_5	15.5	18.0	17.0	16.0		

(一)数据输入

本例共有5组(5个品种)，每组样本含量不同，共有25个观察值。

(1)单击数据编辑器窗口底部的“变量视图”标签，进入“变量视图”窗口，命名变量“品种”，用1、2、3、4、5代表5个品种，小数位定义为0。命名另一变量“增重”，小数位定义为1。如图4-1所示。

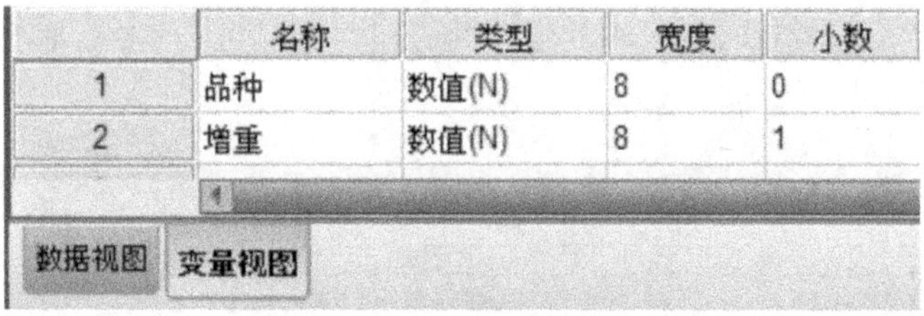

图 4-1　例 4.1 资料的变量命名

(2)单击数据编辑器窗口底部的“数据视图”标签，进入“数据视图”窗口，按图4-2的格式输入数据。

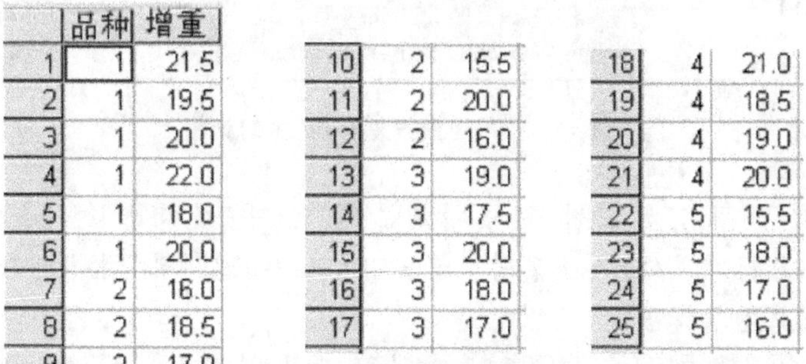

	品种	增重
1	1	21.5
2	1	19.5
3	1	20.0
4	1	22.0
5	1	18.0
6	1	20.0
7	2	16.0
8	2	18.5
9	2	17.0
10	2	15.5
11	2	20.0
12	2	16.0
13	3	19.0
14	3	17.5
15	3	20.0
16	3	18.0
17	3	17.0
18	4	21.0
19	4	18.5
20	4	19.0
21	4	20.0
22	5	15.5
23	5	18.0
24	5	17.0
25	5	16.0

续左表　续左表

图 4-2　例 4.1 数据输入格式

(二)统计分析

1.简明分析步骤

```
分析→比较均值 →单因素 ANOVA
因变量列表:增重                    要分析的结果变量为增重
因子:品种                         分组变量为品种
选项:
  ☑ 描述性                       计算基本统计量
  继续
两两比较:☑LSD ☑S－N－K          两两比较方法采用 LSD 和 S－N－K 法
  继续
确定
```

2.分析过程说明

(1)依次单击主菜单"分析→比较均值→单因素 ANOVA",打开"单因素方差分析"对话框,选中变量"增重",单击箭头 ➡ ,将其置入"因变量列表"框内,将变量"品种"置入"因子"框内,如图 4-3 所示。

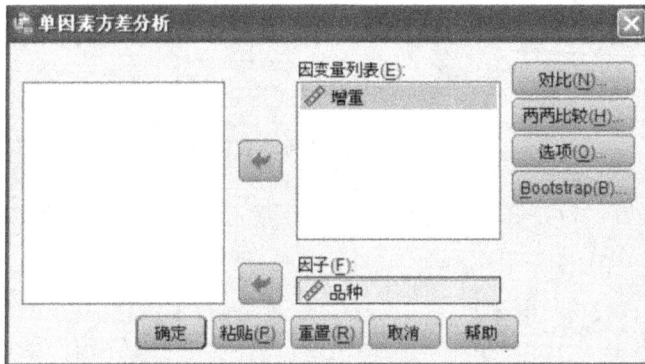

图 4-3 "单因素方差分析"主对话框

(2)单击"选项"按钮,打开如图 4-4 所示对话框。选中"统计量"栏下的"描述性"命令,可输出常用统计描述指标,如均数、标准差等。单击"继续"按钮返回单因素方差分析对话框(图 4-3)。

图 4-4 对话框其他选择项:

固定和随机效果:按固定效应模型输出标准差、标准误和 95% 置信区间,同时按随机效应模型输出标准误、95% 置信区间和成分间方差。关于这两种模型的详情请参见一般线性模型部分。

方差同性质检验:进行方差齐性检验。

Brown-Forsythe:采用 Brown-Forsythe 统计量检验各组均数是否相等,当方差不齐性时,该方法要比 F 统计量更具稳健性。

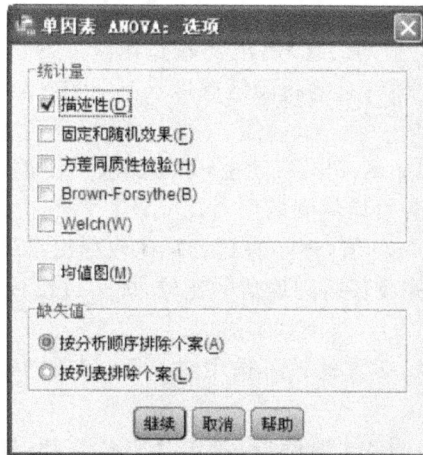

图 4-4 "单因素方差分析"中求描述性统计指标

Welch：采用 Welch 统计量检验各组均数是否相等，当方差不齐性时，该方法要优于 F 统计量。

均值图：若选中则会在输出视窗中输出一条用不同品种的增重数据绘制的线图。

按分析顺序排除个案：剔除在被检验的数据中含有缺失值的观测量（系统默认设置）。

按列表排除个案：对有缺失值的观测量，从所有的分析中剔除。

（3）多重比较，即比较不同品种之间增重均数有无显著性差别。通过 F 检验，如果差异有显著意义，只说明至少有两个平均数间存在显著或极显著差异，但并不意味着任意两两均数之间均有显著差异，也不能具体说明哪些均数间有显著或极显著差异，哪些均数间差异不显著，所以需进一步做各样本均数之间的两两比较。

单击图 4-3 中的"两两比较"按钮，打开如图 4-5 所示对话框。

图 4-5 "两两比较"对话框

在图的左下角"显著性水平"中的显著水准可选"0.05"或"0.01"。本例选中"LSD"和"S-N-K"法。组间均数的两两比较有多种方法，在假定方差齐性的多重比较中常用的有 LSD、S-

N-K、Duncan 和 Bonferroni(B)法。

LSD:用 t 检验完成各组均数间的比较,故比较适用于一对平均数之间比较,或者多个平均数都与对照组平均数进行比较。它的检验敏感度最高,也就是与其他方法相比,最易检验出显著差别。

S-N-K:即 Student Newman Keuls Test 法,是运用较广泛的一种两两比较方法。它采用 Student Range 分布进行所有各组均值间的配对比较。

Duncan:指定一系列的 Range 值,逐步进行计算比较得出结论。

Bonferroni(B):用 t 检验完成各组间均值的比较,即通过设置每个检验的误差值来控制整个误差值。

若各组样本方差不相等时,多重比较可选用图 4-5 下方的"未假定方差齐性"栏下的 4 种方法。

(4)单击"继续"按钮,返回图 4-3 对话框,单击"确定"按钮,输出表 4-3、表 4-4、表 4-5、表 4-6 所示结果。

表 4-3　5 个品种猪增重的描述性指标

	N	均值	标准差	标准误	均值的 95% 置信区间		极小值	极大值
					下限	上限		
1	6	20.167	1.437 6	0.586 9	18.658	21.675	18.0	22.0
2	6	17.167	1.751 2	0.714 9	15.329	19.004	15.5	20.0
3	5	18.300	1.204 2	0.538 5	16.805	19.795	17.0	20.0
4	4	19.625	1.108 7	0.554 3	17.861	21.389	18.5	21.0
5	4	16.625	1.108 7	0.554 3	14.861	18.389	15.5	18.0
总数	25	18.420	1.885 7	0.377 1	17.642	19.198	15.5	22.0

表 4-4　5 个品种猪增重的方差分析表(ANOVA 增重)

	平方和	df	均方	F	显著性
组间	46.498	4	11.625	5.986	0.002
组内	38.842	20	1.942		
总数	85.340	24			

表 4-5　5 个品种猪增重的两两比较（LSD 法）

	(I)品种	(J)品种	均值差(I−J)	标准误	显著性	95% 置信区间	
						下限	上限
LSD	1	2	3.000 0*	0.804 6	0.001	1.322	4.678
		3	1.866 7*	0.843 9	0.039	0.106	3.627
		4	0.541 7	0.899 6	0.554	−1.335	2.418
		5	3.541 7*	0.899 6	0.001	1.665	5.418
	2	1	−3.000 0*	0.804 6	0.001	−4.678	−1.322
		3	−1.133 3	0.843 9	0.194	−2.894	0.627
		4	−2.458 3*	0.899 6	0.013	−4.335	−0.582
		5	0.541 7	0.899 6	0.554	−1.335	2.418
	3	1	−1.866 7*	0.843 9	0.039	−3.627	−0.106
		2	1.133 3	0.843 9	0.194	−0.627	2.894
		4	−1.325 0	0.934 8	0.172	−3.275	0.625
		5	1.675 0	0.934 8	0.088	−0.275	3.625

续表

(I)品种	(J)品种	均值差(I−J)	标准误	显著性	95%置信区间	
					下限	上限
4	1	−0.541 7	0.899 6	0.554	−2.418	1.335
	2	2.458 3*	0.899 6	0.013	0.582	4.335
	3	1.325 0	0.934 8	0.172	−0.625	3.275
	5	3.000 0*	0.985 4	0.006	0.944	5.056
5	1	−3.541 7*	0.899 6	0.001	−5.418	−1.665
	2	−0.541 7	0.899 6	0.554	−2.418	1.335
	3	−1.675 0	0.934 8	0.088	−3.625	0.275
	4	−3.000 0*	0.985 4	0.006	−5.056	−0.944

(LSD 标在第4行区左侧)

* 均值差的显著性水平为 0.05。

表 4-6　5 个品种猪增重的两两比较(SNK 法,$\alpha=0.05$)

品种		N	$\alpha=0.05$ 的子集	
			1	2
Student Newman Keuls[a,b]	5	4	16.625	
	2	6	17.167	
	3	5	18.300	18.300
	4	4		19.625
	1	6		20.167
	显著性		0.173	0.119

将显示同类子集中的组均值。

a. 将使用调和均值样本大小 = 4.839。

b. 组大小不相等。将使用组大小的调和均值。将不保证Ⅰ类错误级别。

表 4-7　5 个品种猪增重的两两比较(SNK 法,$\alpha=0.01$)

品种		N	$\alpha=0.01$ 的子集	
			1	2
Student Newman Keuls[a,b]	5	4	16.625	
	2	6	17.167	17.167
	3	5	18.300	18.300
	4	4	19.625	19.625
	1	6		20.167
	显著性		0.016	0.016

将显示同类子集中的组均值。

a. 将使用调和均值样本大小 = 4.839。

b. 组大小不相等。将使用组大小的调和均值。将不保证Ⅰ类错误级别。

（三）结果说明

表 4-3 是该资料的一般性描述指标,分别为各品种猪增重的均数(Mean)、标准差(Std. Deviation)、标准误(Std. Error)、最大值(Maximum)和最小值(Minimum)。总体均数 95％ 的置信区间,相当于 $\bar{x}\pm t_{0.05}\cdot s_{\bar{x}}$。

表 4-4 是方差分析的统计结果,由此可知,$F=5.986$,$P=0.002<0.01$,可认为 5 个品种

猪增重存在极显著差异,故须进行多重比较。

表 4-5 是选用 LSD 法作均数间两两比较的结果:

品种 1 与品种 2 的显著性 $P=0.001<0.01$,差异极显著;

品种 1 与品种 3 的显著性 $P=0.039<0.05$,差异显著;

品种 1 与品种 4 的显著性 $P=0.554>0.05$,差异不显著;

品种 1 与品种 5 的显著性 $P=0.001<0.01$,差异极显著;

⋮

品种 5 与品种 4 的显著性 $P=0.006<0.01$,差异极显著。

表 4-6 和表 4-7 是选用 S-N-K 法作均数间两两比较结果,显著水准分别为 0.05 和 0.01 的结果。

表 4-6 是按 $\alpha=0.05$ 水准,将无显著差异的均数归为一类,可见品种 5、2、3 的样本均数 (16.625、17.167、18.300)位于同一个列,故品种 5、品种 2、品种 3 的样本均数两两之间均无显著差异。品种 3、4、1 位于同一列,它们之间也无显著差异,而品种 5、2 与品种 4、1 不在同一列内,故品种 5、2 分别与品种 4、1 的样本均数均有显著差异。

若要了解两两均数间是否达到极显著差异,可在图 4-5 方差分析中两两均数比较对话框左下角的"显著性水平"框中输入"0.01"。表 4-7 是按 $\alpha=0.01$ 水准,将无极显著差异的均数归为一类,可见,只有品种 5 与品种 1 的样本均数位于不同列内,故品种 5 与品种 1 差异极显著,而其余品种间均未达极显著水准。

从本例可看出,用不同的两两比较方法,均数间的差异显著性有时会略有不同。

二、交叉分组的两因素无重复观察值方差分析

交叉分组的两因素无重复观察值资料是指试验指标同时受到两个试验因素作用的试验资料。设试验考察 A、B 两个因素,A 因素分 a 个水平,B 因素分 b 个水平,A 因素每个水平与 B 因素的每个水平都要碰到,两者交叉搭配形成 ab 个水平组合即处理,试验因素 A、B 在试验中处于平等地位,各处理只有一个观测值。计算和分析结果可归纳于方差分析表(表 4-8)。

表 4-8　方差分析表

变异来源	平方和	自由度	均方	F
A 因子	SS_A	$\mathrm{d}f_A$	MS_A	$F_A=\dfrac{MS_A}{MS_E}$
B 因子	SS_B	$\mathrm{d}f_B$	MS_B	$F_B=\dfrac{MS_B}{MS_E}$
误差	SS_E	$\mathrm{d}f_E$	MS_E	
总变异	SS_T	$\mathrm{d}f_T$		

例 4.2　为比较 3 种不同饲料配方对 4 种不同品种猪的增重效果,从每个品种中随机抽取了 3 头体重相同的仔猪,分别随机地饲喂不同的饲料,3 个月后的增重结果(kg/头)见表 4-9。试分析不同饲料和品种对仔猪增重的影响。

表 4-9　各品种仔猪不同饲料配方的增重结果

单位:kg/头

品种	饲料		
	1	2	3
A	51	53	52
B	56	57	58
C	45	49	47
D	42	44	43

（一）数据输入

（1）单击数据编辑器窗口底部的"变量视图"标签,进入"变量视图"窗口,分别命名三个变量"品种"、"饲料"、"增重"。"品种"的 4 个水平,分别用 1、2、3、4 表示,"饲料"的 3 个水平,分别用 1、2、3 表示。小数位根据题意均定义为 0。如图 4-6 所示。

（2）单击数据编辑器窗口底部的"数据视图"标签,进入"数据视图"窗口,数据输入格式如图 4-7 所示。

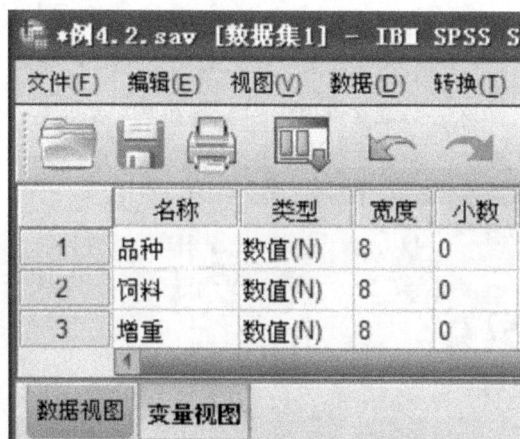

图 4-6　例 4.2 资料的变量命名

图 4-7　例 4.2 数据输入格式

（二）统计分析

1.简明分析步骤

分析→一般线性模型→单变量
因变量:增重   要分析的结果变量为增重
固定因子:品种、饲料   固定因子为品种、饲料
模型:
  ⊙设定   自定义方差分析模型
  "类型"下拉菜单:主效应
  模型:品种、饲料   只分析主效应品种、饲料
  继续
选项:
  ☑描述统计   计算基本统计量
  继续
两两比较:
  两两比较检验:品种、饲料
  ☑S-N-K   两两比较方法采用S-N-K法
  继续
确定

2.分析过程说明

(1)依次单击主菜单"分析→一般线性模型→单变量",打开"单变量"主对话框,单击箭头将"增重"置入"因变量"框内,将"品种"和"饲料"变量置入"固定因子"框内,如图4-8。

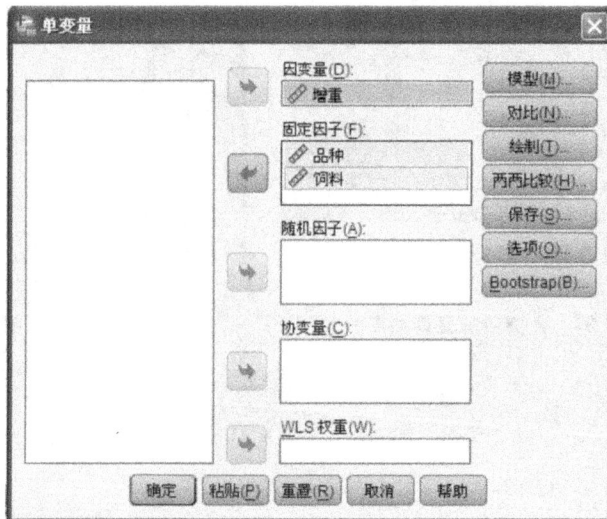

图 4-8 "单变量"主对话框

（2）单击"模型"按钮,打开"单变量:模型"对话框,如图 4-9 所示。选中"设定",在"类型"下拉菜单中选中"主效应",再分别选中"品种"和"饲料",单击箭头 ➡ 分别将其置入"模型"框内,单击"继续"按钮,返回图 4-8 对话框。

图 4-9　"单变量:模型"对话框

图 4-9"单变量:模型"对话框说明:

指定模型:用于对所有方差分析模型进行精确设定。

模型的默认情况为"全因子",即分析所有分类变量的主效应和交互作用。而对于例 4.2 两因素无重复观察值方差分析(包括无重复观察值拉丁方设计、正交设计),由于每个处理只有一个数值,不可能分析交互作用,若仍强行分析会导致模型无法估计随机误差,从而无法进行检验。所以对这类无重复观察值资料的方差分析,需将按钮切换到右侧的"设定",在中部的"构建项"的"类型"下拉菜单中选择进入只分析主效应的"主效应"模型。

平方和:用于选择方差分析模型进行变异分解的方法。有Ⅰ型到Ⅳ型四种,固定模型的方差分析使用默认的Ⅲ型。

（3）单击图 4-8 中"选项"按钮,打开"单变量:选项"对话框,如图 4-10 所示,选中"描述统计",求平均数、标准差等描述性指标。单击"继续"按钮回到图 4-8。

（4）对不同品种、饲料的增重均数进行两两比较。

单击图 4-8 中的"两两比较"按钮,打开"两两比较"对话框,如图 4-11 所示,分别选中"品种"、"饲料"变量,单击箭头 ➡ 按钮,将变量置入"两两比较检验"框内,选中 S-N-K 法(或其他多重比较法),单击"继续"按钮回到图 4-8。

（5）单击图 4-8 中的"确定"按钮,输出表 4-10～表 4-13。

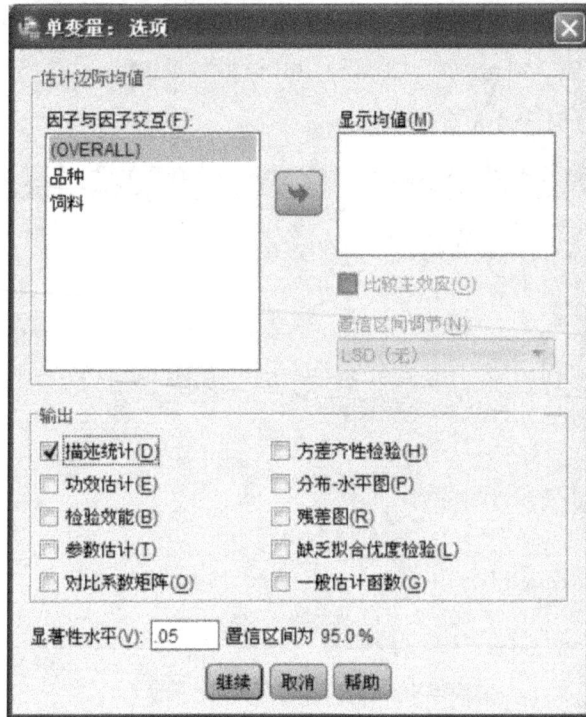

图 4-10 "单变量:选项"对话框

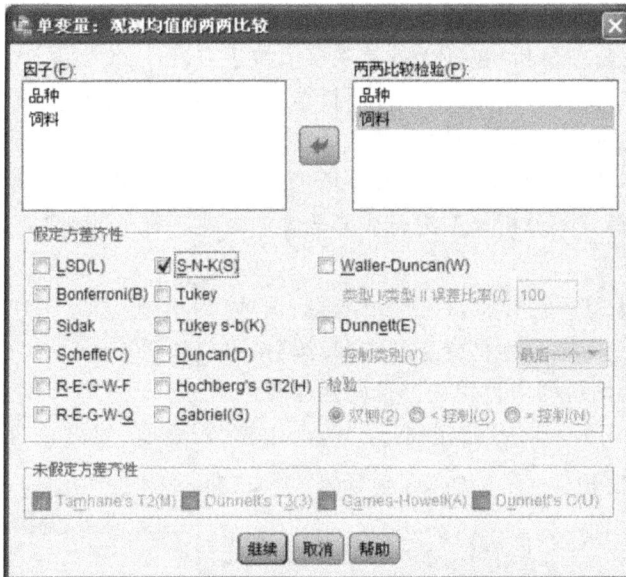

图 4-11 "品种"、"饲料"均数两两比较对话框

表 4-10 例 4.3 描述性统计指标(因变量:增重)

品种	饲料	均值	标准偏差	N
1	1	51.00	0.000	1
	2	53.00	0.000	1
	3	52.00	0.000	1
	总计	52.00	1.000	3
2	1	56.00	0.000	1
	2	57.00	0.000	1
	3	58.00	0.000	1
	总计	57.00	1.000	3
3	1	45.00	0.000	1
	2	49.00	0.000	1
	3	47.00	0.000	1
	总计	47.00	2.000	3
4	1	42.00	0.000	1
	2	44.00	0.000	1
	3	43.00	0.000	1
	总计	43.00	1.000	3
总计	1	48.50	6.245	4
	2	50.75	5.560	4
	3	50.00	6.481	4
	总计	49.75	5.610	12

表 4-11 不同品系、饲料对增重影响的方差分析结果(主体间效应的检验,因变量:增重)

源	Ⅲ 型平方和	df	均方	F	Sig.
校正模型	342.750[a]	5	68.550	117.514	0.000
截距	29 700.750	1	29 700.750	50 915.571	0.000
品种	332.250	3	110.750	189.857	0.000
饲料	10.500	2	5.250	9.000	0.016
误差	3.500	6	0.583		
总计	30 047.000	12			
校正的总计	346.250	11			

a:R 方=0.990(调整 R 方=0.981)

表 4-12 各品种间增重均数的两两比较(SNK 法,$\alpha=0.05$)

品种	N	Student—Newman—Keuls[a,b]的子集			
		1	2	3	4
4	3	43.00			
3	3		47.00		
1	3			52.00	
2	3				57.00
Sig.		1.000	1.000	1.000	1.000

已显示同类子集中的组均值。
基于观测到的均值。
误差项为均值方(错误)=0.583。
a. 使用调和均值样本大小=3.000。
b. $\alpha=0.05$。

表 4-13　各饲料间增重均数的两两比较(SNK 法,$\alpha=0.05$)

饲料	N	Student－Newman－Keuls[a,b]的子集	
		1	2
1	4	48.50	
3	4		50.00
2	4		50.75
Sig.		1.000	0.214

已显示同类子集中的组均值。

基于观测到的均值。

误差项为均值方(错误)=0.583。

a.使用调和均值样本大小=4.000。

b. $\alpha=0.05$。

(三)结果说明

(1)表 4-10 为求"品种"、"饲料"均数、标准差的过程。经统计汇总,4 个品种在不同饲料内的增重均值分别为 52.00,57.00,47.00 和 43.00;标准差分别为 1.000,1.000,2.000,1.000。对 3 种饲料在不同品种内的增重进行统计,其均值和标准差分别为 48.50,50.75,50.00 和 6.245,5.560,6.481。该 12 个观察值的总的均值为 49.75,标准差为 5.610。

(2)表 4-11 为品种、饲料间均数的方差分析(F 检验)结果。

从表 4-11 可知,品种的 $F=189.857$,$P=0.000<0.01$,差异极显著;饲料的 $F=9.000$,$P=0.016<0.05$,差异显著。说明不同品种对增重影响差异极显著,不同饲料对增重影响差异显著,有必要进一步对品种、饲料两因素不同水平的均值进行多重比较。

校正模型的第 2、3 列的值是两个主效应"品种"、"饲料"对应值之和。$F=117.514$,$P=0.000<0.01$,表明所用模型有统计学意义。

截距在我们的分析中没有实际意义,可忽略。

总和为截距、主效应("品种"、"饲料")、误差项对应值之和。

校正总和为主效应("品种"、"饲料")和误差项对应值之和。

(3)表 4-12 为各品种间增重均数的多重比较结果,4 个品种的均数都不在同一列,故在 $\alpha=0.05$ 显著水准下,4 个品种间的增重都存在显著差异。也可进一步在图 4-10 对话框左下角"显著性水平"框选择 $\alpha=0.01$ 显著水准,检验均数间是否达到极显著。

表 4-13 为各饲料间增重均数的多重比较结果,从中可见饲料 1 与饲料 3、2 的增重均数在不同的列,故饲料 1 分别与饲料 3、2 的增重有显著的差异,饲料 3 与饲料 2 在同一列,故饲料 3 与饲料 2 差异不显著。同样也可进一步选择 $\alpha=0.01$ 显著水准,检验均数间是否达到极显著。

三、交叉分组的两因素有重复观察值方差分析

交叉分组的两因素有重复观察值资料是指因素 A 和因素 B 的每个水平组合中都有 n 个观测值。有重复的资料可以对两因素各水平之间的交互作用进行分析。其方差分析表见表 4-14。

表 4-14　方差分析表

变异来源	平方和	自由度	均方	F
A 因子	SS_A	$\mathrm{d}f_A$	MS_A	$F_A = \dfrac{MS_A}{MS_E}$
B 因子	SS_B	$\mathrm{d}f_B$	MS_B	$F_B = \dfrac{MS_B}{MS_E}$
交互	SS_{AB}	$\mathrm{d}f_{AB}$	MS_{AB}	$F_{AB} = \dfrac{MS_{AB}}{MS_E}$
误差	SS_E	$\mathrm{d}f_E$	MS_E	
总变异	SS_T	$\mathrm{d}f_T$		

例 4.3　为了研究饲料中钙磷含量对幼猪生长发育的影响,将钙(A)、磷(B)在饲料中的含量各分 4 个水平进行交叉分组试验。选择日龄、性别相同,初始体重基本一致的幼猪 48 头,随机分成 16 组,每组 3 头,经 2 个月试验,幼猪增重见表 4-15。

表 4-15　不同钙磷用量(%)的试验猪增重结果(kg)

钙	磷			
	$B_1(0.8)$	$B_2(0.6)$	$B_3(0.4)$	$B_4(0.2)$
$A_1(1.0)$	22.0	30.0	32.4	30.5
	26.5	27.5	26.5	27.0
	24.4	26.0	27.0	25.1
$A_2(0.8)$	23.5	33.2	38.0	26.5
	25.8	28.5	35.5	24.0
	27.0	30.1	33.0	25.0
$A_3(0.6)$	30.5	36.5	28.0	20.5
	26.8	34.0	30.5	22.5
	25.5	33.5	24.6	19.5
$A_4(0.4)$	34.5	29.0	27.5	18.5
	31.4	27.5	26.3	20.2
	29.3	28.0	28.5	19.0

(一)数据输入

(1)单击数据编辑器窗口底部的"变量视图"标签,进入"变量视图"窗口,分别命名"钙 A"、"磷 B"两变量,小数位依题意都定义为 0。用 1、2、3、4 分别代表钙、磷的 4 个水平,命名另一变量"增重",小数位为 1。

(2)单击数据编辑器窗口底部的"数据视图"标签,进入"数据视图"窗口,按图 4-12 格式输入数据。

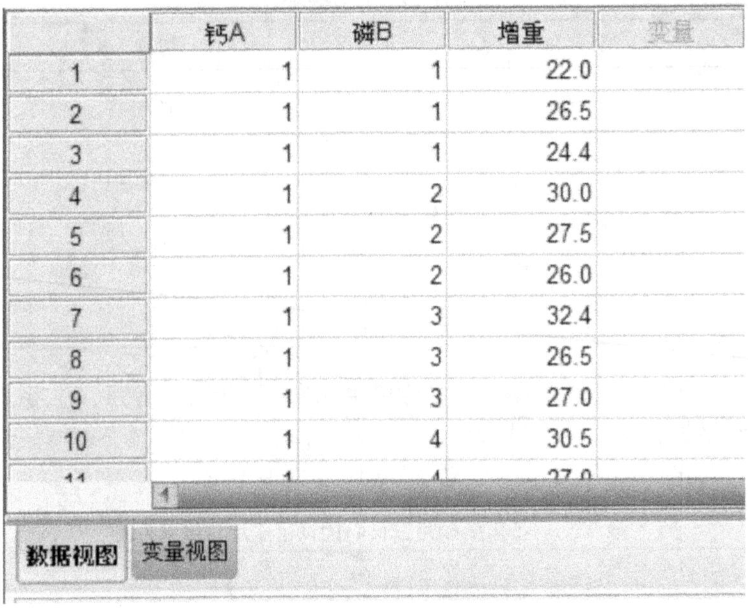

	钙A	磷B	增重	变量
1	1	1	22.0	
2	1	1	26.5	
3	1	1	24.4	
4	1	2	30.0	
5	1	2	27.5	
6	1	2	26.0	
7	1	3	32.4	
8	1	3	26.5	
9	1	3	27.0	
10	1	4	30.5	

图 4-12　例 4.3 数据输入格式

(二)统计分析

1. 简明分析步骤

分析→一般线性模型→单变量	
因变量:增重	要分析的结果变量为增重
固定因子:钙 A、磷 B	分组变量为钙 A、磷 B
选项:	
☑ 描述统计	计算基本统计量
继续	
两两比较:	
两两比较检验:钙 A、磷 B	
☑ S-N-K	两两比较方法采用 S-N-K 法
继续	(也可选择其他方法)
确定	

2. 分析过程说明

(1)依次单击主菜单“分析→一般线性模型→单变量”,打开“单变量”主对话框,单击箭头 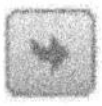 将变量“增重”置入“因变量”框内,将变量“钙 A”和“磷 B”置入“固定因子”框内,如图4-13。

(2)单击图 4-13 中“选项”按钮,打开图 4-14 “单变量:选项”对话框,选中“描述统计”,求平均数、标准差等描述性指标。单击“继续”按钮回到图 4-13。

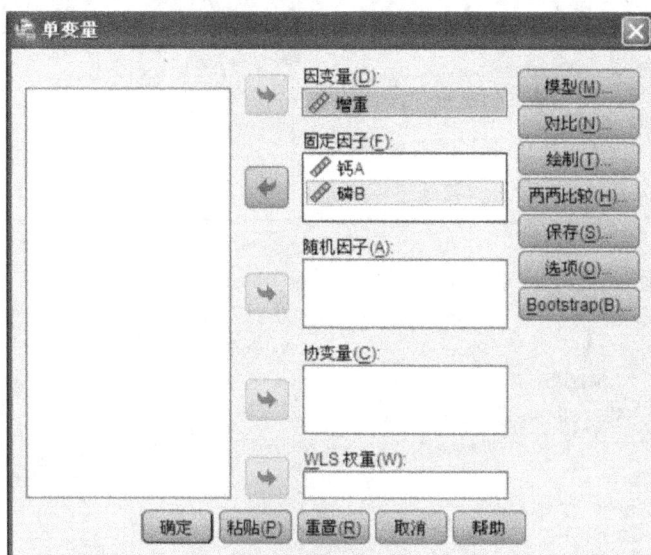

图 4-13　"单变量"主对话框

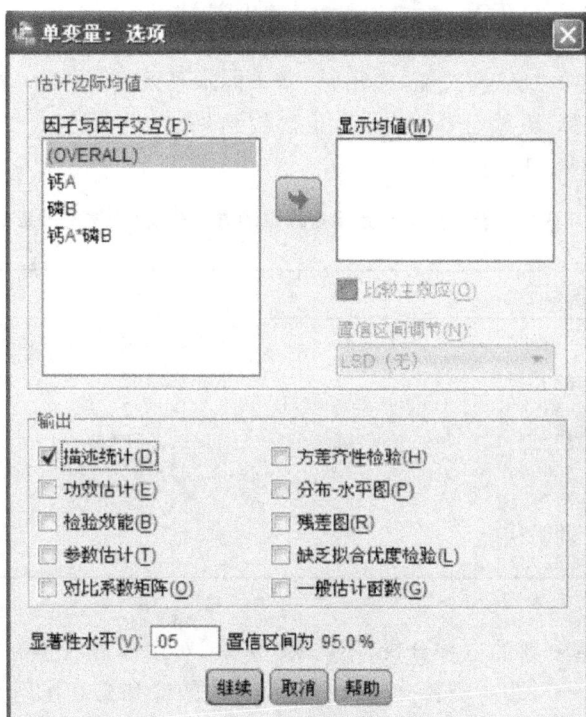

图 4-14　"单变量:选项"对话框

　　(3)单击图 4-13 中的"两两比较"按钮,打开"两两比较"对话框,分别选中"钙 A"、"磷 B"变量,单击箭头 ,将变量置入"两两比较检验"框内,选中 S-N-K 法(或其他多重比较法),如图 4-15 所示,单击"继续"按钮回到图 4-13。

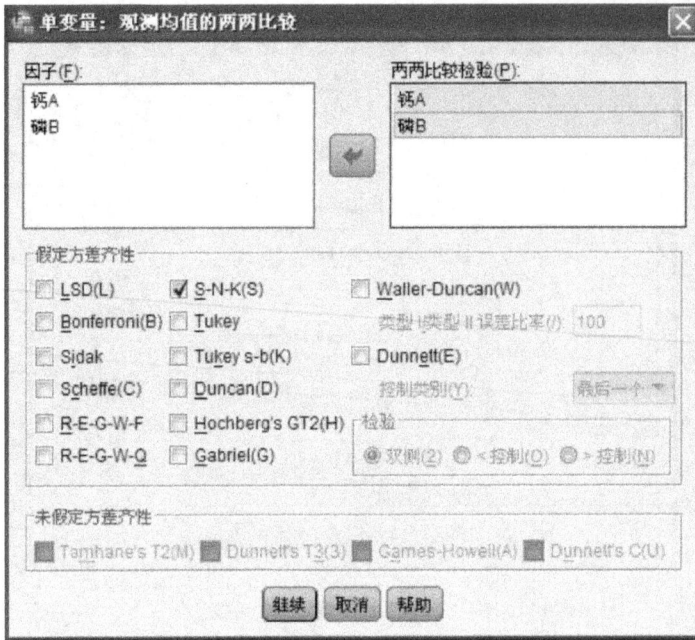

图 4-15 均数两两比较对话框

（4）单击图 4-13 中的"确定"按钮,输出钙、磷不同水平及钙、磷不同处理组合的样本数、均数、标准差等描述性指标;方差分析结果;多重比较结果。本例只列出方差分析表(表 4-16),其余结果说明可参见例 4.1、例 4.2。

表 4-16 不同钙磷用量试验猪增重结果的方差分析(主体间效应的检验)

因变量:增重

源	Ⅲ 型平方和	df	均方	F	Sig.
校正模型	834.905[a]	15	55.660	12.083	0.000
截距	36 680.492	1	36 680.492	7 962.480	0.000
钙 A	44.511	3	14.837	3.221	0.036
磷 B	383.736	3	127.912	27.767	0.000
钙 A * 磷 B	406.659	9	45.184	9.808	0.000
误差	147.413	32	4.607		
总计	37 662.810	48			
校正的总计	982.318	47			

a:R 方＝0.850(调整 R 方＝0.780)

对于有重复观察值资料的方差分析,不需对"模型"对话框进行重新定义,可以利用 SPSS 模型的默认情况"全因子",即对资料分析所有变量的主效应和交互作用。

（三）结果说明

从表 4-16 可知,钙的 $F＝3.221,P＝0.036＜0.05$,磷的 $F＝27.767,P＜0.01$,钙与磷的互作 $F＝9.808,P＜0.01$,表明钙、磷及其互作对幼猪的生长发育均有显著或极显著的影响。因此,应进一步进行钙各水平均数间、磷各水平均数间、钙与磷水平组合均数间的多重比较(分析方法参见例 4.2)。

四、嵌套分组的两因素有重复观察值方差分析

嵌套分组又称为系统分组,是指 A 因素的不同水平分别与 B 因素的不同水平发生组合,或者说 B 因素的不同水平是嵌套在 A 因素内的。因而称 A 因素为一级因子,B 因素为二级因素。嵌套在不同 A 因素水平中的 B 因素的水平数可以是不同的,在不同 B 因素水平内的观测值个数也可以是不同的,数学模型为随机模型。本例介绍两因素有重复观察值资料的方差分析,其方差分析表见表 4-17。

表 4-17　嵌套分组两因素资料的方差分析表

变异来源	平方和	自由度	均方	F
A 因子间	SS_A	df_A	$MS_A = \dfrac{SS_A}{df_A}$	$F_A = \dfrac{MS_A}{MS_B}$
B 因子间	SS_B	df_B	$MS_B = \dfrac{SS_B}{df_B}$	$F_B = \dfrac{MS_B}{MS_E}$
误差	SS_E	df_E	$MS_E = \dfrac{SS_E}{df_E}$	
总变异	SS_T	df_T		

例 4.4　比较 4 条公鱼的产鱼效应,每条种公鱼与 3 条同品种的母鱼交配受精后,所生小鱼各分两池养殖,长大为成鱼后检测各池产鱼量,结果如表 4-18 所示。试作方差分析。

表 4-18　例 4.4 的试验结果

公鱼号(A)	母鱼号(B)	各小池产鱼量(kg)	
	B_1	85	89
A_1	B_2	72	70
	B_3	70	67
	B_4	82	84
A_2	B_5	91	88
	B_6	85	83
	B_7	65	61
A_3	B_8	59	62
	B_9	60	56
	B_{10}	67	71
A_4	B_{11}	75	78
	B_{12}	85	89

(一)数据输入

(1)单击数据编辑器窗口底部的"变量视图"标签,进入"变量视图"窗口,分别命名三个变量"公鱼"、"母鱼"、"产鱼量",小数位依题意都为 0。用 1、2、3、4 代表 4 条公鱼,1~12 代表 12 条母鱼。

(2)单击数据编辑器窗口底部的"数据视图"标签,进入"数据视图"窗口,按图 4-16 格式输

入数据。

	公鱼	母鱼	产鱼量
1	1	1	85
2	1	1	89
3	1	2	72
4	1	2	70
5	1	3	70
6	1	3	67
7	2	4	82
8	2	4	84
9	2	5	91
10	2	5	88
11	2	6	85
12	2	6	83

13	3	7	65
14	3	7	61
15	3	8	59
16	3	8	62
17	3	9	60
18	3	9	56
19	4	10	67
20	4	10	71
21	4	11	75
22	4	11	78
23	4	12	85
24	4	12	89

图 4-16 例 4.4 数据输入格式

(二)统计分析

1. 简明分析步骤

分析→一般线性模型→单变量
因变量:产鱼量　　　　　　　　　要分析的结果变量为产鱼量
随机因子:公鱼、母鱼　　　　　　随机因子为公鱼、母鱼
模型:
　⊙设定　　　　　　　　　　　　自定义方差分析模型
　"类型"下拉菜单:主效应
　模型:公鱼、母鱼　　　　　　　只分析主效应公鱼、母鱼
　"平方和"下拉菜单:类型Ⅰ　　选择方差分析模型Ⅰ
　继续
选项:
　☑描述统计　　　　　　　　　　计算基本统计量
　继续
确定

2. 分析过程说明

(1)单击"分析→一般线性模型→单变量",打开"单变量"主对话框,单击箭头 ➡ 将"产鱼量"置入"因变量"框内。在嵌套分组的设计里,由于A、B两因素不是处于平等的地位,有主次之分,公鱼及其与配母鱼对所产的鱼产量的影响的效应是随机的,因而该资料属随机模型,故将"公鱼"和"母鱼"变量置入"随机因子"框内,如图4-17。

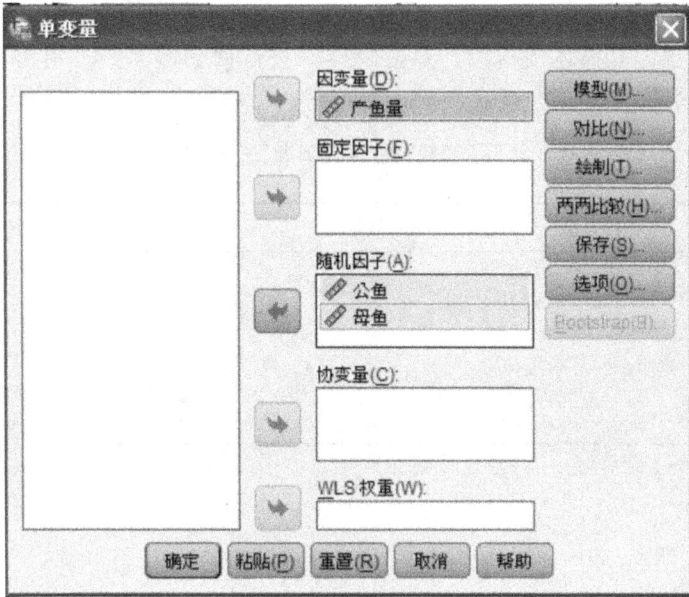

图 4-17 单变量主对话框

(2)单击"模型"按钮,打开"单变量:模型"对话框,如图 4-18。选中"设定",在"类型"下拉菜单中选中"主效应",再分别选中"公鱼"和"母鱼",单击箭头 ◀ 分别将其置入"模型"框内,在"平方和"下拉菜单中选中"类型Ⅰ",单击"继续"按钮,返回图 4-17 对话框。

图 4-18 "单变量:模型"对话框

嵌套分组资料的数学模型与有重复交叉分组资料不同,它不包含交互作用,而 SPSS 模型的默认情况为"全因子",故须选择进入只分析主效应的"主效应"模型。

方差分析模型类型Ⅰ是采用分层处理平方和的方法,按因子引入模型的顺序依次对各项进行调整,因此,计算结果与因子的前后顺序有关。把变量置入计算时应当按主次顺序依次指定,该方法适合于研究因子的影响大小有主次之分的嵌套分组资料。

（3）单击图 4-17 中"选项"按钮,打开"单变量:选项"对话框(参见图 4-14),选中"描述统计",求平均数、标准差等描述性指标。单击"继续"按钮回到图 4-17。单击"确定"按钮,输出基本统计量(略,同前)及方差分析表 4-19。

表 4-19 例 4.4 资料的方差分析表(主体间效应的检验)

因变量:产鱼量

源		Ⅰ型平方和	df	均方	F	Sig.
截距	假设	134 101.500	1	134 101.500	205.205	0.001
	误差	1 960.500	3	653.500[a]		
公鱼	假设	1 960.500	3	653.500	6.502	0.015
	误差	804.000	8	100.500[b]		
母鱼	假设	804.000	8	100.500	18.844	0.000
	误差	64.000	12	5.333[c]		

注:a. MS(公鱼);b. MS(母鱼);c. MS(误差)。

（三）结果说明

从表 4-19 可知,公鱼间的 $F=6.502$,$P=0.015<0.05$,表明 4 条种公鱼对后代产鱼量的影响差异显著;母鱼间的 $F=18.844$,$P=0.000<0.01$,表明母鱼间的产鱼量差异极显著。

五、拉丁方设计的方差分析

在试验中,如果要控制来自两个方面的系统误差,常采用拉丁方设计。拉丁方设计是从横行和直列两个方向进行双重局部控制,每一行或每一列都成为一个完全区组,而每一处理在每一行或每一列都只出现一次。由于拉丁方的行数＝列数＝字母数,所以要求每个区组的组数和试验因素的处理数都必须相等。拉丁方设计试验结果的分析,是将两个单位组因素与试验因素一起,按三因素试验无重复观测值的方差分析法进行,但应假定 3 个因素之间不存在交互作用。

例 4.5 为了研究 5 种不同温度对蛋鸡产蛋量的影响,将 5 栋鸡舍的温度设为 A、B、C、D、E,把各栋鸡舍鸡群的产蛋期分为 5 期,由于不同的鸡群和产蛋期对产蛋量有较大的影响,因此采用拉丁方设计,把鸡群和产蛋期作为区组设置,以便控制这两个方面的系统误差。

表 4-20 5 种不同温度对母鸡产蛋量影响试验结果

个

产蛋期	鸡 群				
	一	二	三	四	五
Ⅰ	D (23)	E (21)	A (24)	B (21)	C (19)
Ⅱ	A (22)	C (20)	E (20)	D (21)	B (22)
Ⅲ	E (20)	A (25)	B (26)	C (22)	D (23)
Ⅳ	B (25)	D (22)	C (25)	E (21)	A (23)
Ⅴ	C (19)	B (20)	D (24)	A (22)	E (19)

注:括号内数字为产蛋量。

（一）数据输入

(1)单击数据编辑器窗口底部的"变量视图"标签,进入"变量视图"窗口,分别命名四个变量"产蛋期"、"鸡群"、"温度"、"产蛋量",小数位依题意都为 0。用 1、2、3、4、5 代表"产蛋期"、"鸡群"、"温度"三个变量的 5 个水平(其中 5 种不同温度经随机重排得:A＝3,B＝4,C＝5,D＝2,E＝1)。

(2)单击数据编辑窗口底部的"数据视图"命令,进入"数据视图"窗口,按图 4-19 格式输入数据。

	产蛋期	鸡群	温度	产蛋量			产蛋期	鸡群	温度	产蛋量
1	1	1	2	23		13	3	3	4	26
2	1	2	1	21		14	3	4	5	22
3	1	3	3	24		15	3	5	2	23
4	1	4	4	21		16	4	1	4	25
5	1	5	5	19		17	4	2	2	22
6	2	1	3	22		18	4	3	5	25
7	2	2	5	20		19	4	4	1	21
8	2	3	1	20		20	4	5	3	23
9	2	4	2	21		21	5	1	5	19
10	2	5	4	22		22	5	2	4	20
11	3	1	1	20		23	5	3	2	24
12	3	2	3	25		24	5	4	3	22
						25	5	5	1	19

图 4-19 例 4.5 数据输入格式

（二）统计分析

1.简明分析步骤

分析→一般线性模型→单变量	
因变量:产蛋量	要分析的结果变量为产蛋量
固定因子:产蛋期、鸡群、温度	固定因了为产蛋期、鸡群、温度
模型:	
⊙设定	自定义方差分析模型
"类型"下拉菜单:主效应	
模型:产蛋期、鸡群、温度	只分析主效应产蛋期、鸡群、温度
继续	
选项:	
☑描述统计	计算基本统计量
继续	
两两比较:	
两两比较检验:产蛋期、鸡群、温度	
☑ Tukey	多重比较方法采用 Tukey 法
继续	(或其他多重比较法)
确定	

2.分析过程说明

(1)依次单击主菜单"分析→一般线性模型→单变量",打开"单变量"主对话框,单击箭头 将变量"产蛋量"置入"因变量"框内。将"产蛋期"、"鸡群"、"温度"变量置入"固定因子"框内,如图 4-20。

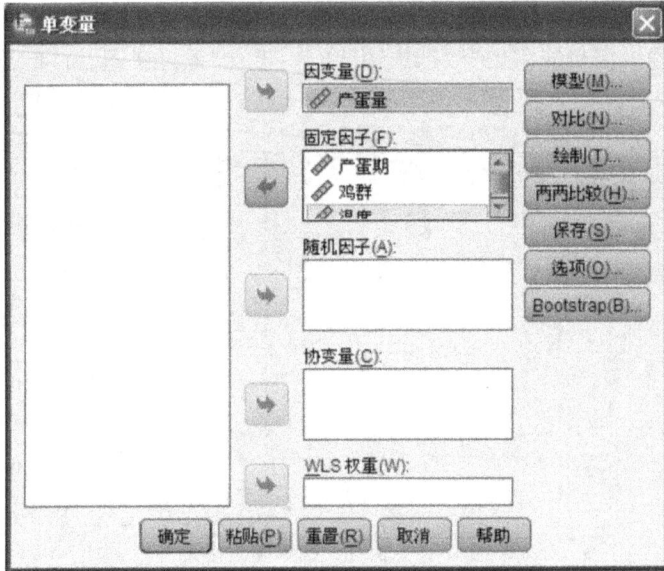

图 4-20 "单变量"主对话框

(2)单击"模型"按钮,打开图 4-21"单变量:模型"对话框。选中"设定",在"类型"下拉菜单中选中"主效应",再分别选中"产蛋期"、"鸡群"、"温度",单击箭头 分别将其置入"模型"框内,单击"继续"按钮,返回图 4-20 对话框。

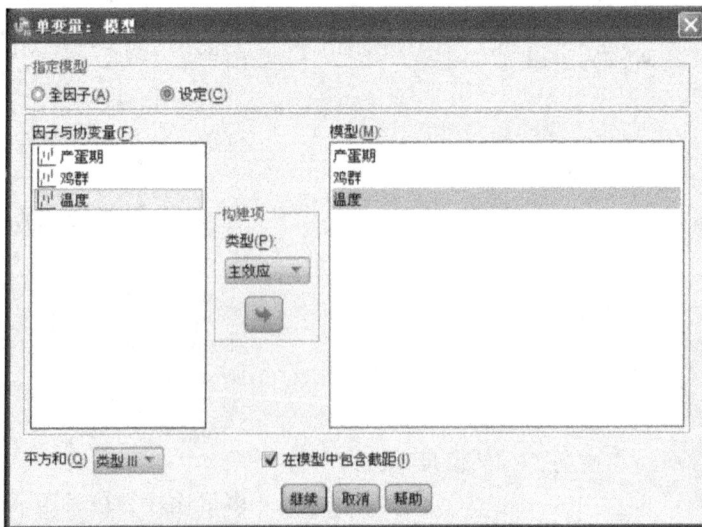

图 4-21 "单变量:模型"对话框

（3）单击图 4-20 中"选项"按钮，打开"单变量：选项"对话框（参见图 4-14），选中"描述统计"，求平均数、标准差等描述性统计量。点击"继续"按钮回到图 4-20。

（4）单击图 4-20 中的"两两比较"按钮，打开"均数两两比较"对话框（参见图 4-15），分别选中"产蛋期"、"鸡群"、"温度"变量，单击箭头 ➡ ，将其置入"两两比较检验"框内，选中 Tukey 法（或其他多重比较法），单击"继续"按钮回到图 4-20。单击"确定"按钮，输出样本数、均数、标准差等描述性指标；方差分析结果；多重比较结果。本例只列出方差分析表（表 4-21），其余结果说明可参见例 4.1、例 4.2。

表 4-21　例 4.5 资料的方差分析表（主体间效应的检验）

因变量：产蛋量

源	Ⅲ 型平方和	df	均方	F	Sig.
校正模型	82.880[a]	12	6.907	4.584	0.007
截距	12 056.040	1	12 056.040	8 001.796	0.000
产蛋期	27.360	4	6.840	4.540	0.018
鸡群	22.160	4	5.540	3.677	0.035
温度	33.360	4	8.340	5.535	0.009
误差	18.080	12	1.507		
总计	12 157.000	25			
校正的总计	100.960	24			

a：R 方=0.821（调整 R 方=0.642）。

（三）结果说明

从表 4-21 可知，产蛋期间的 $F=4.540$，$P=0.018<0.05$，鸡群间的 $F=3.677$，$P=0.035<0.05$，表明不同产蛋期和不同鸡群对产蛋量影响差异显著；温度间的 $F=5.535$，$P=0.009<0.01$，表明不同温度对产蛋量影响差异极显著。

六、交叉设计的方差分析

交叉设计亦称反转试验设计，是指在同一试验中将试验单位分期进行、交叉反复二次以上的试验设计方法。

在动物试验中，为了提高试验的精确性，要求选用在遗传及生理上相同或相似的试验动物，但这在实践中往往不易满足。如进行奶牛的泌乳试验时，要选择若干头品种、性别、年龄和胎次等条件都相同的奶牛是很困难的。为了较好地消除试验动物个体之间以及试验期间的差异对试验结果的影响，可采用交叉设计法。常用的有 2×2 和 2×3 交叉设计。

例 4.6　为了研究饲料新配方对奶牛产奶量的影响，设置对照饲料 A_1 和新配方饲料 A_2 两个处理，选择条件相近的奶牛 10 头，随机分为 B_1、B_2 两组，每组 5 头，预饲期 1 周。试验分为 C_1、C_2 两期，每期两周，按 2×2 交叉设计进行试验。试验结果列于表 4-22。试检验新配方饲料对提高产奶量有无效果。

表 4-22　例 4.6 试验结果

kg/头·d

时　期			C_1	C_2
	处　理		A_1	A_2
		B_1	13.8	15.5
B_1		B_2	16.2	18.4
		B_3	13.5	16.0
组		B_4	12.8	15.8
		B_5	12.5	14.5
	处　理		A_2	A_1
		B_6	14.3	13.5
B_2		B_7	20.2	15.4
		B_8	18.6	14.3
组		B_9	17.5	15.2
		B_{10}	14.0	13.0

（一）数据输入

（1）单击数据编辑器窗口底部的"变量视图"标签,进入"变量视图"窗口,分别命名四个变量:"饲料 A",用 1、2 代表两种饲料;"时期 C",用 1、2 代表两个时期;"个体 B",用 1、2、3…10 代表 10 个个体;"产奶量"。小数位产奶量定义为 1,其余为 0。

（2）单击数据编辑器窗口底部的"数据视图"标签,进入"数据视图"窗口,按图 4-22 格式输入数据。

	饲料A	时期C	个体B	产奶量
1	1	1	1	13.8
2	1	1	2	16.2
3	1	1	3	13.5
4	1	1	4	12.8
5	1	1	5	12.5
6	2	2	1	15.5
7	2	2	2	18.4
8	2	2	3	16.0
9	2	2	4	15.8
10	2	2	5	14.5
11	2	1	6	14.3
12	2	1	7	20.2
13	2	1	8	18.6
14	2	1	9	17.5
15	2	1	10	14.0
16	1	2	6	13.5
17	1	2	7	15.4
18	1	2	8	14.3
19	1	2	9	15.2
20	1	2	10	13.0

图 4-22　例 4.6 数据输入格式

（二）统计分析

2×2 交叉设计资料，因子间的交互作用包括在误差项，分析时应注意不要引入交互作用，应定义只分析主效应。因为只分为两组，故不需作均数间的多重比较。

1.简明分析步骤

分析→一般线性模型→单变量	
因变量：产奶量	要分析的结果变量为产奶量
固定因子：饲料 A、时期 C、个体 B	固定因子为饲料、时期、个体
模型：	
⊙设定	自定义方差分析模型
"类型"下拉菜单：主效应	
模型：饲料 A、时期 C、个体 B	只分析主效应饲料、时期、个体
继续	
选项：	
☑ 描述统计	计算基本统计量
继续	
确定	

2.分析过程说明

（1）依次单击主菜单"分析→一般线性模型→单变量"，打开"单变量"主对话框，单击箭头 ➡ 将"产奶量"置入"因变量"框内，将"饲料 A"、"时期 C"、"个体 B"变量置入"固定因子"框内，如图 4-23。

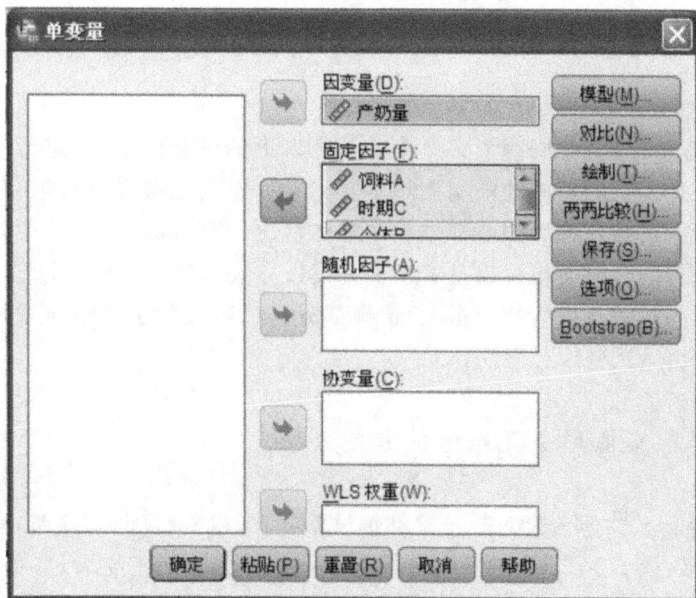

图 4-23 "单变量"主对话框

（2）单击"模型"按钮，打开"单变量：模型"对话框（参见图 4-21）。选中"设定"，在"类型"下拉菜单中选中"主效应"，再分别选中"饲料 A"、"时期 C"、"个体 B"，单击箭头 ➡ 分别将其置入"模型"框内，单击"继续"按钮，返回图 4-23 对话框。

（3）单击图 4-23 中"选项"按钮，打开"单变量：选项"对话框（参见图 4-14），选中"描述统计"，求平均数、标准差等描述性统计量。单击"继续"按钮回到图 4-23。单击"确定"按钮，输出基本统计量（略）、方差分析表 4-23。

表 4-23　例 4.6 资料的方差分析表（主体间效应的检验）

因变量：产奶量

源	III 型平方和	df	均方	F	Sig.
校正模型	76.050ᵃ	11	6.914	7.577	0.004
截距	4 651.250	1	4 651.250	5 097.260	0.000
饲料 A	30.258	1	30.258	33.159	0.000
时期 C	0.162	1	0.162	0.178	0.685
个体 B	45.630	9	5.070	5.556	0.012
误差	7.300	8	0.912		
总计	4 734.600	20			
校正的总计	83.350	19			

a：R 方＝0.912（调整 R 方＝0.792）。

（三）结果说明

从表 4-23 可知，饲料间的 $F=33.159$，$P=0.000<0.01$，表明新配方饲料与对照饲料平均产奶量差异极显著，这里表现为新配方饲料的平均产奶量极显著高于对照饲料的平均产奶量。

七、正交设计的方差分析

在试验研究中，常常需要同时考察 3 个或 3 个以上的试验因素，若进行全面试验，则试验的规模将很大，往往受试验条件的限制而难于实施。因而人们考虑只选取部分水平组合进行试验，这部分试验能够较好地反映全部试验的整体情况，既能减小试验规模，又不使信息损失太多，达到试验的目的。正交设计就是这样一种设计方法，其特点是利用规格化的正交表将各试验因素、水平之间的组合进行均匀搭配，选择部分有代表性的水平组合进行试验，因而是一种高效、快速的多因素试验设计方法。

（一）无重复观察值无交互作用的方差分析

例 4.7　在进行矿物质元素对架子猪补饲试验中，考察补饲配方、用量、食盐 3 个因素，每个因素有 3 个水平（表 4-24）。试验采用正交设计，选用 L₉(3⁴) 正交表，各处理号试验只进行一次，试验方案及试验结果（增重）列于表 4-25，试对其进行方差分析。

表 4-24　架子猪补饲试验因素水平表

水　平	因　　素		
	矿物质元素补饲配方(A)	用量(g)(B)	食盐(g)(C)
1	配方Ⅰ(A_1)	15(B_1)	0(C_1)
2	配方Ⅱ(A_2)	25(B_2)	4(C_2)
3	配方Ⅲ(A_3)	20(B_3)	8(C_3)

表 4-25　正交试验结果表

试验号	因　　素			增重(kg)
	A(1)	B(2)	C(3)	
1	1	1	1	63.4(y_1)
2	1	2	2	68.9(y_2)
3	1	3	3	64.9(y_3)
4	2	1	2	64.3(y_4)
5	2	2	3	70.2(y_5)
6	2	3	1	65.8(y_6)
7	3	1	3	71.4(y_7)
8	3	2	1	69.5(y_8)
9	3	3	2	73.7(y_9)

1. 数据输入

(1)单击数据编辑器窗口底部的“变量视图”标签，进入“变量视图”窗口，分别命名“配方A”、“用量 B”、“食盐 C”、“增重”4 个变量。用 1、2、3 代表 3 个变量的各 3 个水平。小数位依题意“增重”定义为 1，其余为 0。

(2)单击数据编辑器窗口底部的“数据视图”标签，进入“数据视图”窗口，按图 4-24 格式输入数据。

	配方A	用量B	食盐C	增重
1	1	1	1	63.4
2	1	2	2	68.9
3	1	3	3	64.9
4	2	1	2	64.3
5	2	2	3	70.2
6	2	3	1	65.8
7	3	1	3	71.4
8	3	2	1	69.5
9	3	3	2	73.7

图 4-24　例 4.7 数据输入格式

2. 统计分析

(1)简明分析步骤。

分析→一般线性模型→单变量

因变量:增重	要分析的结果变量为增重
固定因子:配方 A、用量 B、食盐 C	固定因子为配方、用量、食盐
模型:	
⊙设定	自定义方差分析模型
"类型"下拉菜单:主效应	
模型:配方 A、用量 B、食盐 C	只分析主效应配方、用量、食盐
继续	
选项:	
☑ 描述统计	计算基本统计量
继续	
两两比较:	
两两比较检验:配方 A、用量 B、食盐 C	
☑ S-N-K	多重比较方法采用 S-N-K 法
继续	（也可选择其他方法）
确定	

(2)分析过程说明

①依次单击主菜单"分析→一般线性模型→单变量",打开"单变量"主对话框,单击箭头 ➡ 将"增重"变量置入"因变量"框内,将"配方 A"、"用量 B"、"食盐 C"变量置入"固定因子"框内,如图 4-25。

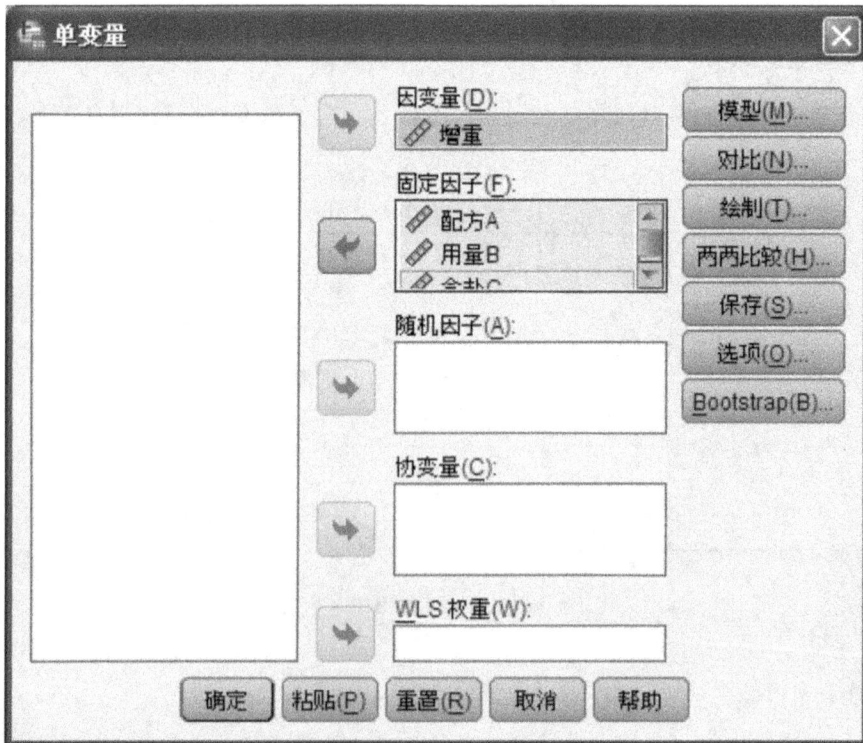

图 4-25 "单变量"对话框

②单击"模型"按钮,弹出"单变量:模型"对话框(参见图4-21)。选中"设定",在"类型"下拉菜单中选中"主效应",再分别选中"配方A"、"用量B"、"食盐C",单击箭头 ➡️ 分别将其置入"模型"框内,单击"继续"按钮,返回图4-25对话框。

③单击图4-25中"选项"按钮,打开"单变量:选项"对话框(参见图4-14),选中"描述统计",求平均数、标准差等描述性统计量。单击"继续"按钮回到图4-25。

④单击图4-25中的"两两比较"按钮,打开"均数两两比较"对话框(参见图4-15),分别选中"配方"、"用量"、"食盐"变量,单击箭头 ➡️ 按钮,将其置入"两两比较检验"框内,选择多重比较法,单击"继续"按钮回到图4-25。单击"确定"按钮,输出基本统计量(略)以及方差分析表4-26和各变量均数多重比较结果(略)。

表4-26 例4.7资料的方差分析表(主体间效应的检验)

因变量:增重

源	Ⅲ型平方和	df	均方	F	Sig.
校正模型	86.787[a]	6	14.464	2.000	0.370
截距	41 629.601	1	41 629.601	5 757.013	0.000
配方A	57.429	2	28.714	3.971	0.201
用量B	15.109	2	7.554	1.045	0.489
食盐C	14.249	2	7.124	0.985	0.504
误差	14.462	2	7.231		
总计	41 730.850	9			
校正的总计	101.249	8			

a：R方$=0.857$(调整R方$=0.429$)

3.结果说明

从表4-26可知,配方间的$F=3.971$,$P=0.201>0.05$,用量间的$F=1.045$,$P=0.489>0.05$,食盐间的$F=0.985$,$P=0.504>0.05$,表明三个因子对增重影响都不显著。

(二)有重复观察值无交互作用的方差分析

例4.8 为了解温度A(高、中、低)、菌系B(甲、乙、丙)、培养时间C(长、中、短)对根瘤菌生长的影响,进行培养试验(据以往经验,三因素间无明显交互作用),目的在考察三因子的主效应并筛选最佳组合,选用$L_9(3^4)$正交表,将A、B、C分别放在1、2、4列,重复试验两次,且重复采用随机区组设计,每10视野根瘤菌计数结果列于表4-27。试对其进行方差分析。

表4-27 有重复观测值正交试验结果

处理号	因素 A(1)	B(2)	空列(3)	C(4)	根瘤菌数 重复Ⅰ	重复Ⅱ
1	1	1	1	1	980	935
2	1	2	2	2	900	860
3	1	3	3	3	1 135	1 125
4	2	1	2	3	905	920

续表

处理号	因　素				根瘤菌数	
	A(1)	B(2)	空列(3)	C(4)	重复Ⅰ	重复Ⅱ
5	2	2	3	1	880	920
6	2	3	1	2	1 110	1 100
7	3	1	3	2	805	720
8	3	2	1	3	775	680
9	3	3	2	1	1 035	990

1.数据输入

(1)单击数据编辑器窗口底部的"变量视图"标签,进入"变量视图"窗口,分别命名"A"、"B"、"C"、"空列"、"重复组"、"根瘤菌数"6个变量。用1、2、3代表 A、B、C、空列4个变量的各3个水平,用1、2代表两个重复组。小数位依题意均定义为0。

(2)单击数据编辑器窗口底部的"数据视图"标签,进入"数据视图"窗口,按图4-26格式输入数据。

	A	B	空列	C	重复组	根瘤菌数
1	1	1	1	1	1	980
2	1	1	1	1	2	935
3	1	2	2	2	1	900
4	1	2	2	2	2	860
5	1	3	3	3	1	1135
6	1	3	3	3	2	1125
7	2	1	2	3	1	905
8	2	1	2	3	2	920
9	2	2	3	1	1	880
10	2	2	3	1	2	920
11	2	3	1	2	1	1110
12	2	3	1	2	2	1100
13	3	1	3	2	1	805
14	3	1	3	2	2	720
15	3	2	1	3	1	775
16	3	2	1	3	2	680
17	3	3	2	1	1	1035
18	3	3	2	1	2	990

图 4-26　例 4.8 数据输入格式

2.统计分析

(1)简明分析步骤。

分析→一般线性模型→单变量
因变量:根瘤菌数　　　　　　　　　　　　要分析的结果变量为根瘤菌数
固定因子:A、B、C、空列、重复组　　　　　固定因子为 A、B、C、空列、重复组
模型:
　⊙设定　　　　　　　　　　　　　　　　自定义方差分析模型
　"类型"下拉菜单:主效应
　模型:A、B、C、空列、重复组　　　　　　只分析主效应 A、B、C、空列、重复组
　继续
选项:
　☑描述统计　　　　　　　　　　　　　　计算基本统计量
　继续
两两比较:
　两两比较检验:A、B、C、空列、重复组
　☑S-N-K　　　　　　　　　　　　　　　多重比较方法采用 S-N-K 法
　继续　　　　　　　　　　　　　　　　　(也可选择其他方法)
确定

(2)分析过程说明。

①依次单击主菜单"分析→一般线性模型→单变量",打开"单变量"主对话框,单击箭头将变量"根瘤菌数"置入"因变量"框内。将 A、B、C、空列、重复组 5 个变量置入"固定因子"框内,如图 4-27。

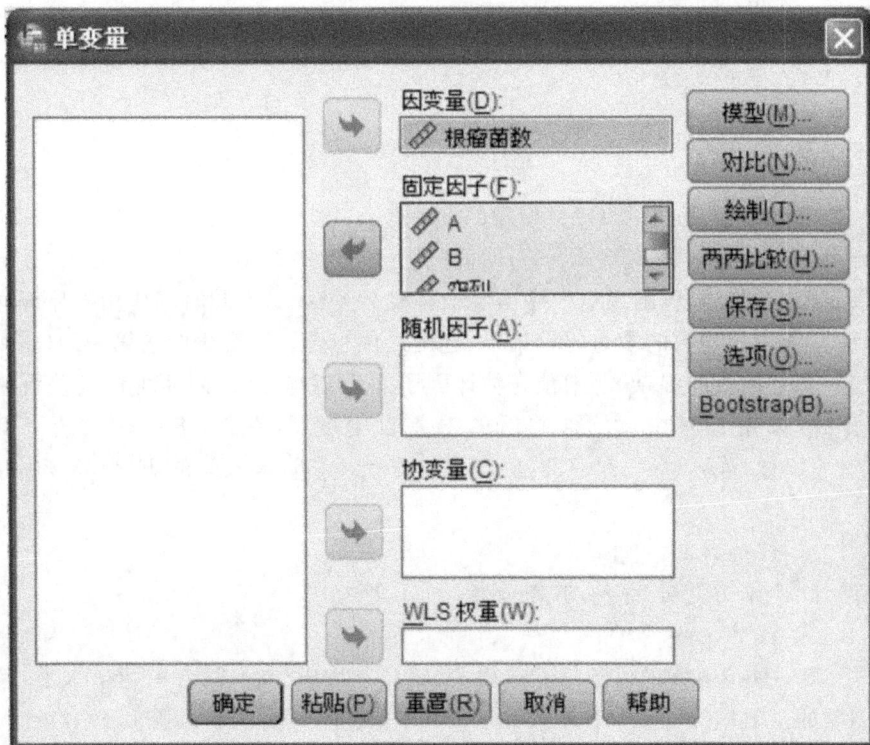

图 4-27　"单变量"对话框

②单击"模型"按钮,打开"单变量:模型"对话框(参见图 4-21)。选中"设定",在"类型"下拉菜单中选中"主效应",再分别选中 A、B、C、空列、重复组五个变量,单击箭头 ➡ 分别将其置入"模型"框内,单击"继续"按钮,返回图 4-27 对话框。

③ 单击图 4-27 中"选项"按钮,打开"单变量:选项"对话框(参见图 4-14),选中描述统计,求平均数、标准差等描述性统计量。点击"继续"按钮回到图 4-27。

④单击图 4-27 中的"两两比较"按钮,打开"均数两两比较"对话框(参见图 4-15),分别选中 A、B、C 三个变量,单击箭头 ➡,将其置入"两两比较检验"框内,选择多重比较法,单击"继续"按钮回到图 4-27。单击"确定"按钮,输出基本统计量(略)、方差分析表 4-28 以及各变量均数多重比较结果(略)。

表 4-28　例 4.8 资料的方差分析表(主体间效应的检验)

因变量:根瘤菌数

源	Ⅲ型平方和	df	均方	F	Sig.
校正模型	306 045.833[a]	9	34 005.093	35.052	0.000
截距	15 633 368.056	1	15 633 368.056	16 114.567	0.000
A(温度)	86 877.778	2	43 438.889	44.776	0.000
B(菌系)	209 211.111	2	104 605.556	107.825	0.000
空列	86.111	2	43.056	0.044	0.957
C(时间)	5 669.444	2	2 834.722	2.922	0.112
重复组	4 201.389	1	4 201.389	4.331	0.071
误差	7 761.111	8	970.139		
总计	15 947 175.000	18			
校正的总计	313 806.944	17			

a:R 方＝0.975(调整 R 方＝0.947)。

3.结果说明

从表 4-28 可知,温度间的 $F=44.776,P=0.000<0.01$,差异极显著;菌系间的 $F=107.825,P=0.000<0.01$,差异极显著;时间间的 $F=2.922,P=0.112>0.05$,差异不显著;F 检验结果表明,不同温度、菌系对根瘤菌生长有极显著影响,不同时间作用不显著,故应考察不同温度、菌系根瘤菌均数的多重比较结果,选出最优组合。正交表中的第三列(空列)为各因子互作效应一部分数量的混杂,题中预先估计因子间无互作,这一列便可作误差看待,可与表中误差项合并,以增加自由度。合并后的误差自由度 d$f=2+8=10$,$SS_E=86.111+7 761.111=7847.222$,$MS_E=784.722$,温度间的 $F=55.36$,菌系间的 $F=133.30$,时间间的 $F=3.61$。

(三)因素间有交互作用的方差分析

例 4.9　某一种抗生素的发酵培养基由 A、B、C 三种成分组成,各有两个水平,除考察 A、B、C 三个因素的主效应外,还考察 A 与 B、B 与 C 的交互作用,试验采用 $L_8(2^7)$ 正交表进行设计,试作方差分析。

表 4-29　有交互作用的正交试验结果表

试验号	因 素					实验结果（%）
	A	B	A×B	C	B×C	
1	1	1	1	1	1	55
2	1	1	1	2	2	38
3	1	2	2	1	2	97
4	1	2	2	2	1	89
5	2	1	2	1	1	122
6	2	1	2	2	2	124
7	2	2	1	1	2	79
8	2	2	1	2	1	61

1.数据输入

（1）单击数据编辑器窗口底部的"变量视图"标签,进入"变量视图"窗口,分别命名"A"、"B"、"AB"、"C"、"BC"、"试验结果"6 个变量。用 1、2 代表 5 个变量的各 2 个水平。小数位依题意都为 0。

（2）单击数据编辑器窗口底部的"数据视图"标签,进入"数据视图"窗口,按图 4-28 格式输入数据。

	A	B	AB	C	BC	试验结果%
1	1	1	1	1	1	55
2	1	1	1	2	2	38
3	1	2	2	1	2	97
4	1	2	2	2	1	89
5	2	1	2	1	1	122
6	2	1	2	2	2	124
7	2	2	1	1	2	79
8	2	2	1	2	1	61

图 4-28　例 4.9 数据输入格式

2.统计分析

（1）简明分析步骤。

分析→一般线性模型→单变量
因变量:试验结果%　　　　　　　要分析的结果变量为试验结果%
固定因子:A、B、AB、C、BC　　固定因子为 A、B、AB、C、BC
模型:
　⊙设定　　　　　　　　　　　自定义方差分析模型
　"类型"下拉菜单:主效应
　模型:A、B、AB、C、BC　　　只分析主效应 A、B、C 和交互效应 AB、BC
　继续
选项:
　☑描述统计　　　　　　　　　计算基本统计量
　继续
确定

（2）分析过程说明。

①依次单击主菜单"分析→一般线性模型→单变量"，打开"单变量"主对话框，单击箭头 ⬅ 将"试验结果％"置入"因变量"框内。将 A、B、AB、C、BC 变量置入"固定因子"框内，如图 4-29。

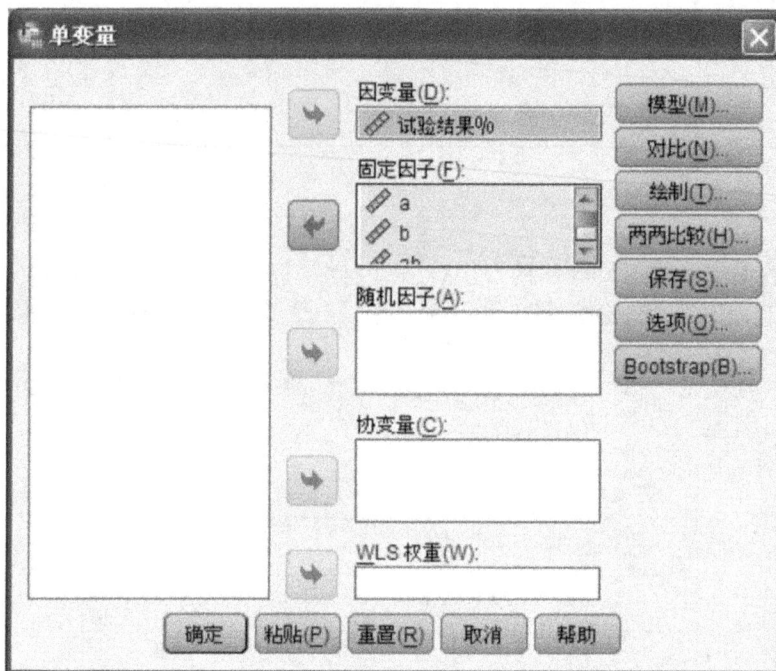

图 4-29 **"单变量"主对话框**

②单击"模型"按钮，打开"单变量：模型"对话框（参见图 4-21）。选中"设定"，在"类型"下拉菜单中选中"主效应"，再分别选中"A"、"B"、"AB"、"C"、"BC"，单击箭头 ➡ 分别将其置入"模型"框内，单击"继续"按钮，返回图 4-29 对话框。

③单击图 4-29 中"选项"按钮，打开"单变量：选项"对话框（参见图 4-14），选中"描述统计"，求平均数、标准差等描述性统计量。单击"继续"按钮回到图 4-29。

本例各因子只有两个水平，故不需作均数间的两两比较。

表 4-30 **例** 4.9 **资料的方差分析表（主体间效应的检验）**

因变量：试验结果％

源	Ⅲ型平方和	df	均方	F	Sig.
校正模型	6 627.625[a]	5	1 325.525	23.003	0.042
截距	55 278.125	1	55 278.125	959.273	0.001
a	1 431.125	1	1 431.125	24.835	0.038
b	21.125	1	21.125	0.367	0.606
c	210.125	1	210.125	3.646	0.196
ab	4 950.125	1	4 950.125	85.902	0.011
bc	15.125	1	15.125	0.262	0.659
误差	115.250	2	57.625		
总计	62 021.000	8			
校正的总计	6 742.875	7			

a：R 方＝0.983（调整 R 方＝0.940）。

3.结果说明

F 检验结果表明：A 因素的 $F=24.835$，$P=0.038<0.05$，差异显著；交互作用 A×B 的 $F=85.902$，$P=0.011<0.05$，差异显著；B、C 因素及 B×C 交互作用的 F 值分别为 0.367，3.646，0.262，P 值分别为 0.606，0.196，0.659，均大于 0.05，差异不显著，故应对 A 与 B 的水平组合进行多重比较，以选出 A 与 B 因子的最优水平组合。

八、方差分析中的数据转换

方差分析是建立在一些基本假定基础上的，即①效应的可加性(指处理效应和误差效应是可加的)、②分布的正态性(所有试验误差都服从正态分布)、③方差同质性(方差齐性)。方差分析只有满足这些假定，才能做出有效的推断，否则会导致错误结论。有些资料就其性质来说就不符合方差分析的基本假定，如一些二项分布资料、泊松分布资料。对这类资料不能直接进行方差分析，需通过适当的数据转换，然后用转换后的数据作方差分析。常用的数据转换方法有以下 3 种。

(一)反正弦转换

反正弦转换适合于服从二项分布的资料，数据以百分数表示，且多数数据小于 30% 或大于 70%。例如发病率、感染率、病死率、受胎率、受精率、孵化率、羽化率等。

转换值为：$x'=\sin^{-1}\sqrt{p}$。

(二)平方根转换

平方根转换适合于各组方差与平均数间有某种比例关系的计数资料，尤其适合于泊松分布资料。

转换值为：$x'=\sqrt{x}$。

若数据有值为 0 或多数数据小于 10 时，则转换值为：$x'=\sqrt{x+1}$。

(三)对数转换

对数转换适合于原始数据的变异幅度很大的资料，如各处理组方差与其平均数呈正比关系。

转换值为：$x'=\lg x$

若数据值为 0，则转换值为：$x'=\lg(x+1)$。

(四)例题及统计分析

例 4.10　对 A、B、C 及 D 4 个小麦品种各抽取 5 个样本，统计其黑穗病率结果见表 4-31，试对资料进行方差分析。

表 4-31　4 个小麦品种黑穗病率(%)

A	0.8	3.8	0.0	6.0	1.7
B	4.0	1.9	0.7	3.5	3.2
C	9.8	56.2	66.0	10.3	9.2
D	6.0	79.8	7.0	84.6	2.8

本例是一个服从二项分布的阳性率资料,大部分数据小于 30% 和大于 70%,故应先对黑穗病率作反正弦转换,然后再作方差分析。

1.数据输入

单击数据编辑器窗口底部的"变量视图"标签,进入"变量视图"窗口,分别命名"品种"、"黑穗病率"两个变量。用 1、2、3、4 代表 4 个品种,黑穗病率以小数形式输入,小数位依题意"品种"定义为 1,"黑穗病率"定义为 3。按单因素方差分析格式输入数据(图 4-30)。

	品种	黑穗病率
1	1	.008
2	1	.038
3	1	.000
4	1	.060
5	1	.017
6	2	.040
7	2	.019
8	2	.007
9	2	.035
10	2	.032
11	3	.098
12	3	.562
13	3	.660
14	3	.103
15	3	.092
16	4	.060
17	4	.798
18	4	.070
19	4	.846
20	4	.028

图 4-30　例 4.10 数据输入格式

2.统计分析

(1)单击主菜单"转换→计算变量",打开"计算变量"对话框,如图 4-31 所示。

图 4-31"计算变量"对话框说明:

对话框中部类似于计算器的软键盘,可以用鼠标按键输入数字和符号;"函数组"框为函数窗口,可以在这里找到并使用所需的 SPSS 函数。

软键盘部分符号的含义:

﹡——乘号;﹡﹡——乘方,相当于函数 EXP();～=——不等号;|——逻辑符号 OR;～——逻辑符号 NOT。

(2)在左上角"目标变量"框键入"转换值",为定义经反正弦转换后存放转换值的变量名,本例变量名定义为"转换值"。

图 4-31 "计算变量"对话框

(3)右上方的"数字表达式"框用于给需转换的变量赋值,从"函数组"框内点击"全部函数",从下拉列表中选择所需的函数,单击箭头 ,将其置入"数字表达式"框内。本例为反正弦转换,故置入"ARSIN(SQRT(黑穗病率))×180/3.141 592 654"(计算机作反正弦转换时是以弧度计算,故须转换为角度),如图 4-31 所示,单击"确定"按钮,输出经反正弦转换后的数据,如图 4-32 所示。对变量"品种"和"转换值"作单因素方差分析(分析方法与例 4.1 同),分析结果为 $F=3.336, P(Sig.)=0.046<0.05$,说明资料转换后不同品种间的黑穗病率差异显著。本例原资料方差分析结果为 $F=2.453, P(Sig.)=0.101>0.05$,差异不显著。这说明转换后各品种的均方得到改进,从而提高了测验的灵敏度。

	品种	黑穗病率	转换值
1	1	.008	5.13
2	1	.038	11.24
3	1	.000	.00
4	1	.060	14.18
5	1	.017	7.49
6	2	.040	11.54
7	2	.019	7.92
8	2	.007	4.80
9	2	.035	10.78
10	2	.032	10.30
11	3	.098	18.24
12	3	.562	48.56
13	3	.660	54.33
14	3	.103	18.72
15	3	.092	17.66
16	4	.060	14.18
17	4	.798	63.29
18	4	.070	15.34
19	4	.846	66.89
20	4	.028	9.63

图 4-32 例 4.10 反正弦转换值

第五章　协方差分析

协方差分析是将直线回归分析与方差分析结合应用的一种统计分析方法,其主要功用是用来消除混杂因素对分析指标的影响。为了提高试验的精确性和灵敏性,除了根据试验目的而设置的各种不同处理外,其他试验条件应力求一致,使处理的真实效果能够体现出来。但是,在实际工作中,有时难以使其他试验条件达到一致。例如研究几种配合饲料对猪的增重效果,希望供试仔猪的初始体重都相同,但在实际试验中很难满足这一要求。如果仔猪的初始体重有差异,则不同猪只在增重上的差异除了源于不同饲料和随机误差外,还受到初始体重差异的影响,使得不同饲料的差异不能被真正体现,从而降低检验功效。协方差分析可以利用线性回归的方法,在对增重比较之前,找出仔猪的初始体重(协变量 x)与增重(因变量 y)之间的数量关系,求出假定初始体重相等时的增重的校正均数,然后再用方差分析比较增重的校正均数之间的差别,消除初始体重对增重的影响(任何统计方法都不能完全消除这种影响,因而首先还应尽量选择初始体重一致的仔猪做试验)。

根据资料类型的不同,有单向分组资料的协方差分析,双向分组资料的协方差分析等;根据影响试验指标的未能控制变量(协变量)的多少,有单协变量与多协变量的协方差分析。本书只介绍单向和双向分组资料单协变量的协方差分析,其余的原理与之相同,不再介绍。

一、单向分组资料的协方差分析

例 5.1　为了寻找一种较好的哺乳仔猪食欲增加剂,以增进食欲,提高断奶重,对哺乳仔猪做了以下试验:试验设对照饲粮和由 3 种食欲增进剂配制的饲粮 1、饲粮 2、饲粮 3 共 4 个处理组,重复 12 次,选择初生重尽量相近的长白种母猪的哺乳仔猪 48 头,完全随机分为 4 组分别饲喂 4 种饲粮进行试验,哺乳仔猪初生重(x)、50 日龄重(y)的测定结果见表 5-1。

表 5-1　喂饲不同饲粮的仔猪生长情况表

处理	对照饲粮		饲粮 1		饲粮 2		饲粮 3	
观测指标	初生重 x	50 日龄重 y	初生重 x	50 日龄重 y	初生重 x	50 日龄重 y	初生重 x	50 日龄重 y
观察值	1.50	12.40	1.35	10.20	1.15	10.00	1.20	12.40
	1.85	12.00	1.20	9.40	1.10	10.60	1.00	9.80
	1.35	10.80	1.45	12.20	1.10	10.40	1.15	11.60
	1.45	10.00	1.20	10.30	1.05	9.20	1.10	10.60
	1.40	11.00	1.40	11.30	1.40	13.00	1.00	9.20
	1.45	11.80	1.30	11.40	1.45	13.50	1.45	13.90
	1.50	12.50	1.15	12.80	1.35	13.50	1.35	12.80
	1.55	13.40	1.30	10.90	1.70	14.80	1.15	9.30
	1.40	11.20	1.35	11.60	1.40	12.30	1.10	9.60
	1.50	11.60	1.15	8.50	1.45	13.20	1.20	12.40
	1.60	12.60	1.35	12.20	1.25	12.00	1.05	11.20
	1.70	12.50	1.20	9.3	1.30	12.80	1.10	11.00

（一）数据输入

（1）单击数据编辑器窗口底部的"变量视图"标签，进入"变量视图"窗口，命名变量"处理组"，小数位为0，用1、2、3、4代表对照饲粮、饲粮1、饲粮2、饲粮3。命名另两个变量"初生重"和"末重"，小数位均为2。如图5-1所示。

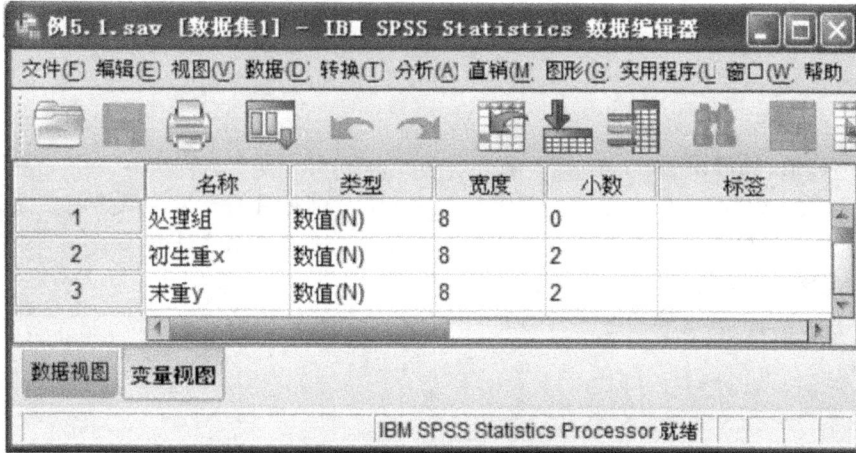

图 5-1　例 5.1 资料的变量命名

（2）单击数据编辑器窗口底部的"数据视图"标签，进入"数据视图"窗口，按图5-2的格式输入数据。

	处理组	初生重x	末重y
1	1	1.50	12.40
2	1	1.85	12.00
3	1	1.35	10.80
4	1	1.45	10.00
5	1	1.40	11.00
6	1	1.45	11.80
7	1	1.50	12.50
8	1	1.55	13.40
9	1	1.40	11.20
10	1	1.50	11.60
11	1	1.60	12.60
12	1	1.70	12.50
13	2	1.35	10.20
14	2	1.20	9.40
15	2	1.45	12.20

图 5-2　例 5.1 数据输入格式

(二)统计分析

1.简明分析步骤

分析→一般线性模型→单变量
因变量:末重 y 要分析的因变量为末重 y
固定因子:处理组   固定因子为处理组
协变量:初生重 x 协变量为初生重 x
选项:
　显示均值:处理组
　☑ 比较主效应   对 4 组的校正均数进行多重比较
　☑ 描述统计   计算基本统计量
　☑ 方差齐性检验
　☑ 参数估计   估计回归系数
　继续
确定

2.分析过程说明

(1)依次单击主菜单"分析→一般线性模型→单变量",打开图 5-3 所示的"单变量"对话框,单击箭头 ➡️ ,将变量"末重 y"置入"因变量"框内,将"处理组"变量置入"固定因子"框内,将"初生重 x"置入"协变量"框内。如图 5-3 所示。

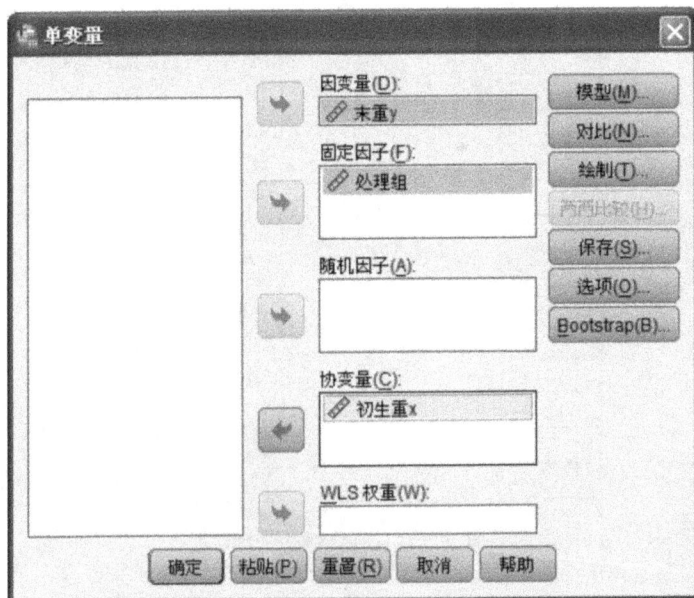

图 5-3　单因素协方差分析主对话框

（2）单击图 5-3 中"选项"按钮，打开如图 5-4 所示的对话框。单击箭头 ![箭头]，将"处理组"变量置入"显示均值"框，选中"描述统计"（求平均数、标准差等描述性指标），选中"方差齐性检验"（对资料进行方差齐性检验），选中"参数估计"（估计回归系数），选中"比较主效应"，进行校正均数的多重比较，此处采用的方法是 LSD 法，也可在"置信区间调节"框下拉列表中选用其他多重比较方法。单击"继续"按钮回到图 5-3，单击"确定"按钮，输出描述性统计量表 5-2、误差方差等同性的 Levene 检验结果表 5-3、协方差分析表 5-4、参数估计表 5-5、各处理组的校正 50 日龄平均重表 5-6、各处理组校正 50 日龄平均重多重比较表 5-7。

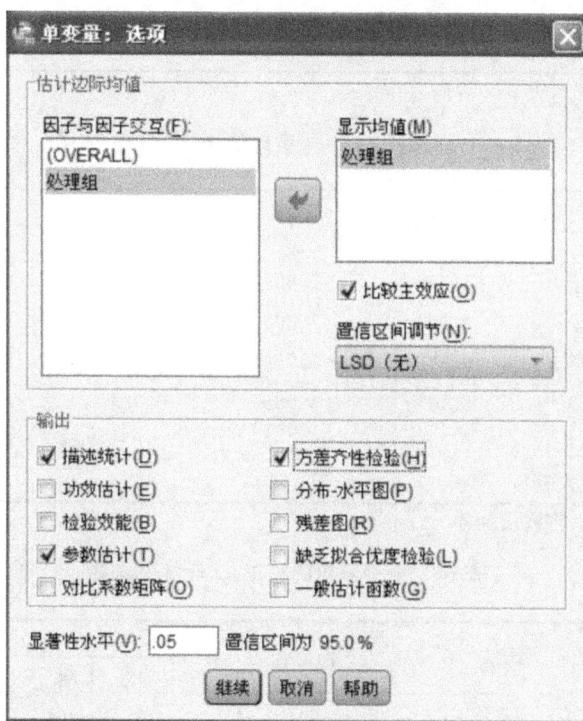

图 5-4　求描述性统计指标及校正均数多重比较对话框

表 5-2　描述性统计量

因变量：末重 y

处理组	均值	标准偏差	N
1	11.816 7	0.946 60	12
2	10.841 7	1.323 53	12
3	12.066 7	1.666 97	12
4	11.150 0	1.519 27	12
总计	11.468 7	1.434 85	48

表 5-3　误差方差等同性的 Levene 检验[a]

因变量：末重 y

F	df_1	df_2	Sig.
0.663	3	44	0.579

检验零假设，即在所有组中因变量的误差方差均相等。

a. 设计：截距＋初生重 x＋处理组。

表 5-4　协方差分析结果表

因变量:末重 y

源	Ⅲ型平方和	df	均方	F	Sig.
校正模型	59.295[a]	4	14.824	17.013	0.000
截距	2.092	1	2.092	2.401	0.129
初生重 x	47.615	1	47.615	54.645	0.000
处理组	20.435	3	6.812	7.817	0.000
误差	37.468	43	0.871		
总计	6 410.310	48			
校正的总计	96.763	47			

a：R 方＝0.613(调整 R 方＝0.577)。

表 5-5　参数估计

因变量:末重 y

参数	B	标准误差	t	Sig.	95%置信区间 下限	95%置信区间 上限
截距	2.840	1.156	2.457	0.018	0.509	5.171
初生重 x	7.200	0.974	7.392	0.000	5.236	9.164
[处理组＝1]	−1.973	0.522	−3.778	0.000	−3.027	−0.920
[处理组＝2]	−1.238	0.401	−3.086	0.004	−2.048	−0.429
[处理组＝3]	−0.163	0.408	−0.400	0.691	−0.986	0.660
[处理组＝4]	0[a]					

a:此参数为冗余参数,将被设为零。

表 5-6　各处理组的校正 50 日龄平均重

因变量:末重 y

处理组	均值	标准误差	95%置信区间 下限	95%置信区间 上限
1	10.339[a]	0.335	9.663	11.016
2	11.074[a]	0.271	10.527	11.621
3	12.149[a]	0.270	11.605	12.693
4	12.312[a]	0.312	11.683	12.942

a.模型中出现的协变量在下列值处进行评估:初生重 $x=1.315\ 6$。

表 5-7　各处理组的校正 50 日龄平均重多重比较表

因变量:末重 y

(I)处理组	(J)处理组	均值差值(I−J)	标准误差	Sig.a	差分的95%置信区间[a] 下限	差分的95%置信区间[a] 上限
1	2	−0.735	0.446	0.107	−1.634	0.164
	3	−1.810*	0.436	0.000	−2.688	−0.931
	4	−1.973*	0.522	0.000	−3.027	−0.920
2	1	0.735	0.446	0.107	−0.164	1.634
	3	−1.075*	0.382	0.007	−1.845	−0.305
	4	−1.238*	0.401	0.004	−2.048	−0.429

82

续表

(I)处理组	(J)处理组	均值差值(I−J)	标准误差	Sig.a	差分的95%置信区间[a]	
					下限	上限
3	1	1.810*	0.436	0.000	0.931	2.688
	2	1.075*	0.382	0.007	0.305	1.845
	4	−0.163	0.408	0.691	−0.986	0.660
4	1	1.973*	0.522	0.000	0.920	3.027
	2	1.238*	0.401	0.004	0.429	2.048
	3	0.163	0.408	0.691	−0.660	0.986

基于估算边际均值

a:对多个比较的调整:最不显著差别(相当于未作调整)。

*:均值差值在0.05级别上较显著。

(三)结果说明

(1)由表5-2可见,4个处理组未校正50日龄平均重分别为11.816 7,10.841 7,12.066 7和11.150 0;标准差分别为0.946 60,1.323 53,1.666 97和1.519 27。

(2)表5-3输出的是方差齐性检验结果,由显著性检验的$P(\text{sig})$值0.579>0.05推断,在0.05的显著性水平上,认为各组方差无显著差异。

(3)表5-4为协方差分析结果。结果表明,协变量初生重的效应非常显著($F=54.645$,$P(\text{sig})<0.01$),仔猪初生重与50日龄重间存在极显著的线性回归关系,说明初生重极显著影响50日龄重,因而有必要进行协方差分析,即利用线性回归关系来校正50日龄重,并对校正后的50日龄重作方差分析。由表5-4可见,不同处理组校正后的50日龄重差异极显著($F=7.817$,$P<0.01$)。故须进一步检验不同处理间的差异显著性,即进行多重比较。

(4)表5-5给出了因变量(50日龄重)对协变量(初始体重)的回归系数($B=7.200$),表示初始体重越大,则50日龄重越大。

(5)表5-6为4个处理组校正50日龄平均重、标准误及相应的置信区间。4个处理组校正50日龄平均重分别为10.339,11.074,12.149和12.312;标准误分别为0.335,0.271,0.270和0.312。表下方的提示表明该校正50日龄平均重是按初生重均为1.315 6 kg的情形计算的。

(6)表5-7为各处理组的校正50日龄平均重多重比较结果。结果表明:饲粮2、饲粮3与对照饲粮、饲粮1比较,其校正50日龄平均重间存在极显著的差异($P<0.01$);饲粮2与饲粮3,对照饲粮与饲粮1之间无显著差异($P>0.05$)。4种饲粮以饲粮2、饲粮3的增重效果为好。

二、双向分组资料的协方差分析

例5.2 表5-8为玉米品比试验的每区株数(x)和产量(y)的资料,试作协方差分析,并计算各品种在小区株数相同时的平均产量。

表 5-8　玉米品比试验的每区株数(x)和产量(y)

品种	区组Ⅰ		区组Ⅱ		区组Ⅲ		区组Ⅳ	
	株数 x	产量 y	株数 x	产量 y	株数 x	产量 y	株数 x	产量 y
A	10	18	8	17	6	14	8	15
B	12	36	13	38	8	28	11	30
C	17	40	15	36	13	35	11	29
D	14	21	14	23	17	24	15	20
E	12	42	10	36	10	38	16	52

（一）数据输入

（1）单击数据编辑器窗口底部的"变量视图"标签，进入"变量视图"窗口，命名变量"品种"，因为拟在变量"品种"中输入英文字母 A、B、C、D、E 代表五个品种，所以必须定义此变量的类型为"字符型"（当然也可用系统默认的数值型以 1～5 代表五个品种）。操作如下：单击变量"品种"类型列中相应的单元格，再单击单元格右侧出现的 按钮，打开定义变量类型对话框（参见图 1-4），选中"字符串"，然后单击"确定"按钮，即可完成设置。命名另三个变量"区组"、"株数 x"和"产量 y"。用 1、2、3、4 代表四个区组，小数位依题意都定义为 0。如图 5-5 所示。

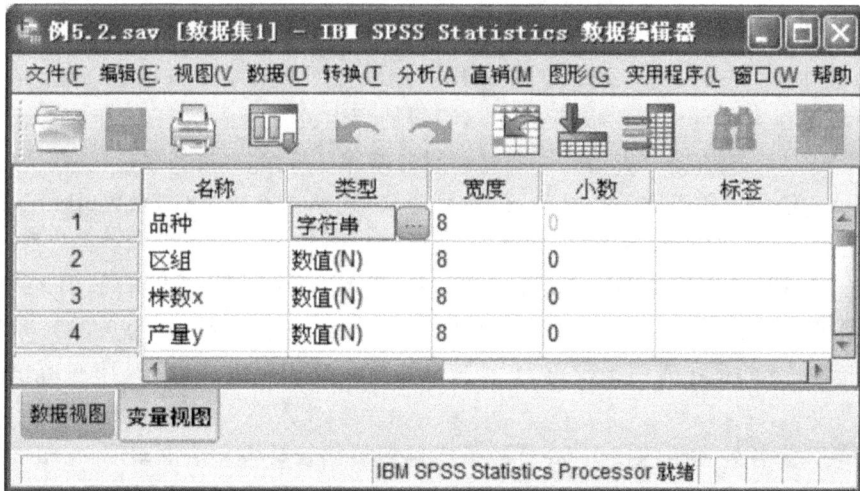

图 5-5　例 5.2 资料的变量命名

（2）单击数据编辑器窗口底部的"数据视图"标签，进入"数据视图"窗口，按图 5-6 的格式输入数据。

	品种	区组	株数x	产量y
1	A	1	10	18
2	B	1	12	36
3	C	1	17	40
4	D	1	14	21
5	E	1	12	42
6	A	2	8	17
7	B	2	13	38
8	C	2	15	36
9	D	2	14	23
10	E	2	10	36
11	A	3	6	14
12	B	3	8	28
13	C	3	13	35
14	D	3	17	24
15	E	3	10	38
16	A	4	8	15
17	B	4	11	30
18	C	4	11	29
19	D	4	15	20
20	E	4	16	52

图 5-6 例 5.2 数据输入格式

(二)统计分析

1. 简明分析步骤

分析→一般线性模型→单变量	
因变量:产量 y	要分析的因变量为产量 y
固定因子:品种、区组	固定因子为品种、区组
协变量:株数 x	协变量为株数 x
模型:	
⊙设定	自定义方差分析模型
"类型"下拉菜单:主效应	
模型:品种、区组、株数 x	只分析主效应品种、区组、株数
继续	
选项:	
显示均值:品种、区组	
☑ 比较主效应	对 5 个品种组的校正产量均数进行多重比较
☑ 描述统计	计算基本统计量
继续	
确定	

2. 分析过程说明

(1)依次单击主菜单"分析→一般线性模型→单变量",打开"单变量"对话框,单击箭头,将"产量 y"置入"因变量"框内,将"品种"、"区组"两变量置入"固定因子"框内,将"株数 x"置入"协变量"框内。如图 5-7 所示。

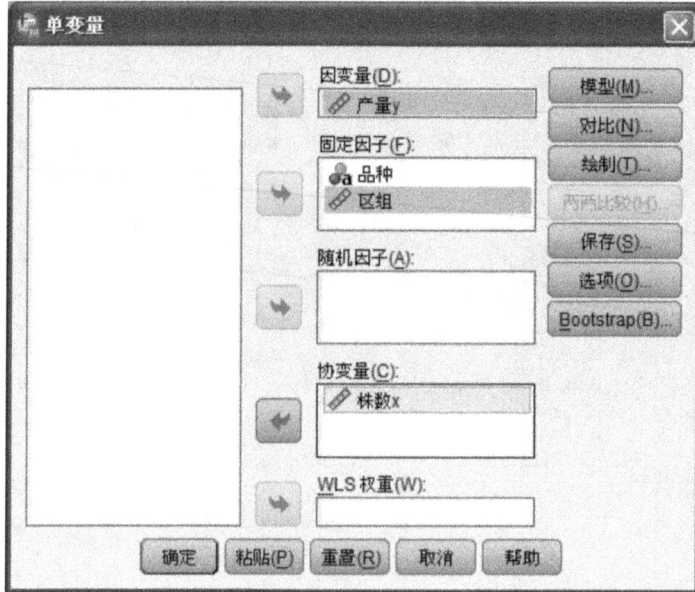

图 5-7　单变量多因素双向分组资料协方差分析主对话框

(2)单击"模型"按钮,打开如图 5-8 所示的"单变量:模型"设置对话框。选中"设定",在"类型"下拉菜单中选中"主效应"(本例是无重复随机区组设计,故只能分析主效应),再分别选中"品种"、"区组"和"株数 x",单击箭头 分别将其置入"模型"框内,单击"继续"按钮,返回图 5-7 所示对话框。

图 5-8　方差分析的模型设置

(3)单击图 5-7 中"选项"按钮,打开求描述性统计指标及校正均数多重比较对话框(参见图 5-4),选中"描述统计",求平均数、标准差等描述性指标。将"品种"和"区组"两变量置入"显示均值"框,选中"比较主效应",进行校正均数的多重比较,此处采用的方法是 LSD 法,也可根据分析目的在下拉列表中选用其他多重比较方法。单击"继续"按钮回到图 5-7,单击"确定"按钮,输出各品种、各区组产量的平均数,标准差(略),方差分析表 5-9,各品种的校正平均产量表 5-10,各品种校正平均产量的多重比较表 5-11。

表 5-9 例 5.2 资料的方差分析表

因变量:产量 y

源	Ⅲ 型平方和	df	均方	F	Sig.
校正模型	2 003.155[a]	8	250.394	57.810	0.000
截距	17.271	1	17.271	3.987	0.071
品种	1 561.447	4	390.362	90.125	0.000
区组	4.966	3	1.655	0.382	0.768
株数 x	220.355	1	220.355	50.874	0.000
误差	47.645	11	4.331		
总计	19 574.000	20			
校正的总计	2 050.800	19			

a:R 方=0.977(调整 R 方=0.960)。

表 5-10 各品种组的校正平均产量

因变量:产量 y

品种	均值	标准误差	95% 置信区间	
			下限	上限
A	23.691[a]	1.499	20.393	26.990
B	34.923[a]	1.075	32.557	37.289
C	31.154[a]	1.172	28.575	33.734
D	16.232[a]	1.318	13.331	19.132
E	42.000[a]	1.041	39.710	44.290

a. 模型中出现的协变量在下列值处进行评估:株数 x=12.00。

表 5-11 各品种组的校正平均产量多重比较表

因变量:产量 y

(I)处理组	(J)处理组	均值差值(I−J)	标准误差	Sig. a	差分的 95% 置信区间[a]	
					下限	上限
A	B	−11.232*	1.679	0.000	−14.927	−7.536
	C	−7.463*	2.187	0.006	−12.276	−2.650
	D	7.460*	2.393	0.010	2.193	12.727
	E	−18.309*	1.824	0.000	−22.324	−14.293
B	A	11.232*	1.679	0.000	7.536	14.927
	C	3.768*	1.679	0.046	0.073	7.464
	D	18.691*	1.824	0.000	14.676	22.707
	E	−7.077*	1.496	0.001	−10.370	−3.784
C	A	7.463*	2.187	0.006	2.650	12.276
	B	−3.768*	1.679	0.046	−7.464	−0.073
	D	14.923*	1.496	0.000	11.630	18.216
	E	−10.846*	1.567	0.000	−14.295	−7.396

续表

| (I)处理组 | (J)处理组 | 均值差值(I—J) | 标准误差 | Sig. a | 差分的 95%置信区间[a] | |
					下限	上限
D	A	−7.460*	2.393	0.010	−12.727	−2.193
	B	−18.691*	1.824	0.000	−22.707	−14.676
	C	−14.923*	1.496	0.000	−18.216	−11.630
	E	−25.768*	1.679	0.000	−29.464	−22.073
E	A	18.309*	1.824	0.000	14.293	22.324
	B	7.077*	1.496	0.001	3.784	10.370
	C	10.846*	1.567	0.000	7.396	14.295
	D	25.768*	1.679	0.000	22.073	29.464

基于估算边际均值

*. 均值差值在 0.05 级别上较显著。

a. 对多个比较的调整:最不显著差别(相当于未作调整)。

(三)结果说明

(1)表 5-9 为方差分析结果。结果表明,协变量株数的效应非常显著($F = 50.874$, P(Sig.)≈0.000<0.01),株数与产量间存在极显著的线性回归关系,说明株数对产量确实有影响,因而可以利用线性回归关系来校正产量,并对校正后的不同品种玉米产量作方差分析。由表 5-9 可见,校正后的不同品种平均产量差异极显著($F = 90.125$, $P ≈ 0.000 < 0.01$)。故须进一步检验不同品种产量间的差异显著性,即进行多重比较。不同区组间差异不显著($F = 0.382$, $P = 0.768 > 0.05$)。

(2)表 5-10 为 5 个品种组的校正平均产量、标准误及相应的置信区间。5 个品种组的校正平均产量分别为 23.691,34.923,31.154,16.232 和 42.000;标准误分别为 1.499,1.075,1.172,1.318 和 1.041。表下方的提示表明该校正的平均产量是按株数均为 12.00 的情形计算的。而未校正之前 5 个品种组的平均产量分别为 16,33,35,22 和 42(表略)。

(3)表 5-11 为各品种组的校正平均产量的多重比较结果。结果表明:各品种组的校正平均产量除 B 品种与 C 品种存在显著差异($P < 0.05$)外,其余均存在极显著的差异($P < 0.01$)。5 个品种以 B 品种产量最高,显著优于其他品种。

第六章　卡方(χ^2)检验

在生物科学研究中,除了分析计量资料外,还常常需要对质量性状和质量反应的次数资料进行分析,它们的变异情况只能用分类计数的方法加以表示。例如动、植物遗传学上杂种后代的分离现象,家畜、鱼类性别分类,兽医学上生化检验的阴性、阳性数,治疗效果的好坏优劣,蜂学上不同药物对大蜂螨杀灭情况,等等。这类资料均属于分类资料,对分类资料最常用的检验方法是卡方检验。

χ^2 检验一般有两种类型。一类是适合性检验,这种方法是对样本的理论次数先通过已知的理论分布推算出来,然后用实际观测数与理论次数比较,从而得出实际观测值与理论数之间是否吻合,因此适合性检验也叫吻合度检验。另一类是独立性检验,是研究两个或两个以上属性的计数资料或属性资料间是否相互独立或相互联系,独立性检验在计算理论次数时没有现成的理论可以利用,理论次数是在两因子(或多个因子)相互独立的假设下计算的。

最常用的卡方检验统计量是皮尔逊(Pearson)统计量,数学定义为:

$$\chi^2 = \sum_{i=1}^{k} \frac{(O_i - E_i)^2}{E_i},$$

式中,k 是样本分类的个数,O_i 表示实际观察次数,E_i 表示理论次数。

Pearson 统计量服从自由度为 $K-1$ 的卡方分布。从上式可以看出,如果 χ^2 值较大,则说明观测次数与理论次数差距较大;反之,如果 χ^2 值较小,则说明观测次数与理论次数较接近。

卡方检验的零假设 H_0 为:样本所属总体的分布与指定的理论分布无显著差异。SPSS 将自动计算 χ^2 统计量的观测值,并依据卡方分布表计算观测值对应的概率 P 值。

如果 χ^2 的概率 P 值小于显著性水平 α,则拒绝零假设,认为样本来自的总体分布与期望分布或某一理论分布存在显著性差异;反之,如果 χ^0 的概率 P 值大于显著性水平 α,则不应拒绝零假设,可以认为样本来自的总体分布与期望分布或某一理论分布无显著性差异。

由于 χ^2 分布是连续分布,而分类资料是离散性的,所以这个统计量只是近似服从 χ^2 分布,近似的程度取决于样本含量和类别数。为保证足够的近似度,要求:

(1)每个类别的理论次数不少于 5,即 $E_I \geqslant 5$;如有理论次数少于 5 的类别,可将该类别与邻近的类别合并。若不能合并,就不能再用卡方检验,可用 Fisher 的精准概率法检验。

(2) χ^2 分布的自由度(取决于分类的类别数)等于 1 时,需进行连续性校正,校正的检验统计量为:

$$\chi_c^2 = \sum_{i=1}^{k} \frac{(|O_i - E_i| - 0.5)^2}{E_i}。$$

本书只介绍卡方的独立性检验方法。

一、2×2 列联表的独立性检验

(一)基本原理和方法

2×2 列联表是行、列因子的属性类别数均为 2 的列联表。自由度 $df=(2-1)×(2-1)=1$,在进行卡方检验时,需作连续性校正。应选择校正的检验统计量为:

$$\chi_c^2 = \sum_{i=1}^{k} \frac{(|O_i - E_i| - 0.5)^2}{E_i}。$$

若出现理论频数小于 5 时,应选择精确概率检验法。

(二)例题及统计分析

例 6.1　分别用灭螨 A 和灭螨 B 杀灭蜜蜂大蜂螨,结果如表 6-1 所示,问两种灭螨剂的灭螨效果差异是否显著?

表 6-1　灭螨 A 和灭螨 B 杀灭蜜蜂大蜂螨试验结果

组　　别	未杀灭数	杀灭数	总和
灭螨 A	12	32	44
灭螨 B	22	14	36
总和	34	46	80

1.数据输入

(1)单击数据编辑器窗口底部的“变量视图”标签,进入“变量视图”窗口,分别命名三个变量“组别”、“效果”、“计数”。因为欲在变量“组别”和“效果”中输入中文(也可用系统默认的数据型,用不同数字表示不同的“组别”、“效果”),所以必须定义此变量的类型为“字符型”。操作如下:单击“类型”列中相应的单元格(组别、效果),再单击单元格右侧出现的 按钮,打开对话框(参见图 1-5),选中“字符串”,再单击“确定”按钮,即可完成定义设置。变量“计数”的小数位定义为 0。如图 6-1 所示。

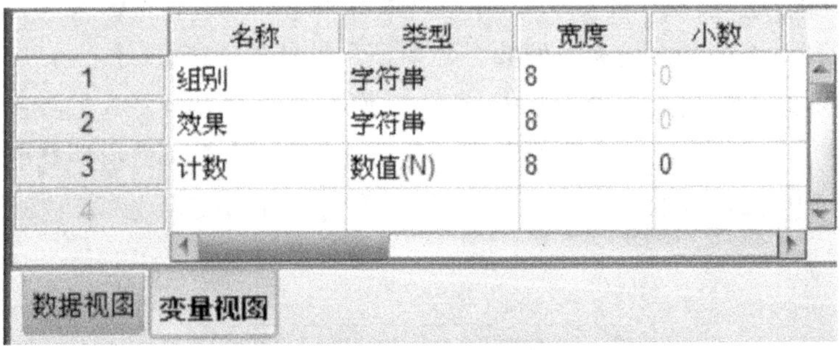

	名称	类型	宽度	小数
1	组别	字符串	8	0
2	效果	字符串	8	0
3	计数	数值(N)	8	0
4				

数据视图　变量视图

图 6-1　例 6.1 资料的变量命名

(2)单击数据编辑器窗口底部的“数据视图”标签,进入“数据视图”窗口,按图 6-2 的格式输入数据。

图 6-2 例 6.1 数据输入格式

2.统计分析

(1)简明分析步骤

数据→加权个案
　⊙加权个案
　频率变量:计数　　　　　　　　　　　频数变量为计数
　确定
分析→描述统计→交叉表
　行:组别　　　　　　　　　　　　　　行变量
　列:效果　　　　　　　　　　　　　　列变量
　统计量:
　　☑卡方　　　　　　　　　　　　　　要求进行卡方检验
　　继续
　确定

(2)分析过程说明

①表 6-1 的资料是经过人为汇总总结所得到的,即是采用频数表格式来记录的资料,同组分别有两种互不相容的结果——杀灭或未杀灭,两组各自的结果互不影响,即相互独立。对于这种频数表格式资料,在卡方检验之前须用"加权个案"命令将频数变量定义为加权变量,才能进行卡方检验。操作如下:单击"数据→加权个案",打开如图 6-3 所示对话框,选中"加权个案",单击箭头 ，将变量"计数"置入"频率变量"框内,定义"计数"为加权变量,单击"确定"按钮。

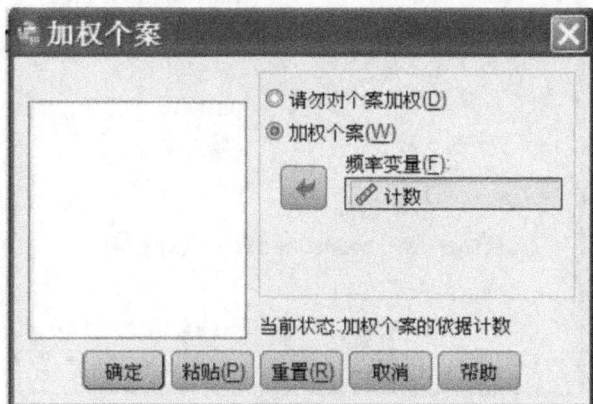

图 6-3 将"计数"变量中的数值转成"权数"

②依次单击主菜单"分析→描述统计→交叉表",打开图 6-4 所示的对话框,单击箭头 将行变量"组别"置入"行"框内,将列变量"效果"置入"列"框内。

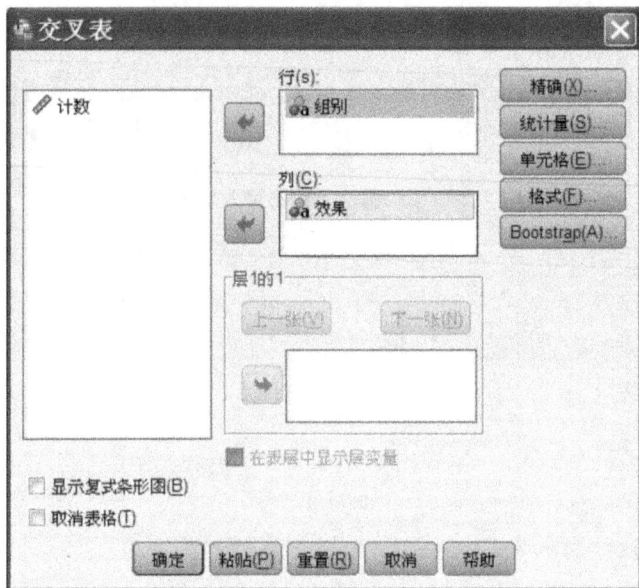

图 6-4　行×列分析对话框

③单击"统计量"按钮,打开图 6-5 所示对话框,选中"卡方",单击"继续"按钮,返回图6-4 所示对话框,再单击"确定"按钮,则输出如表 6-2、表 6-3 所示结果。

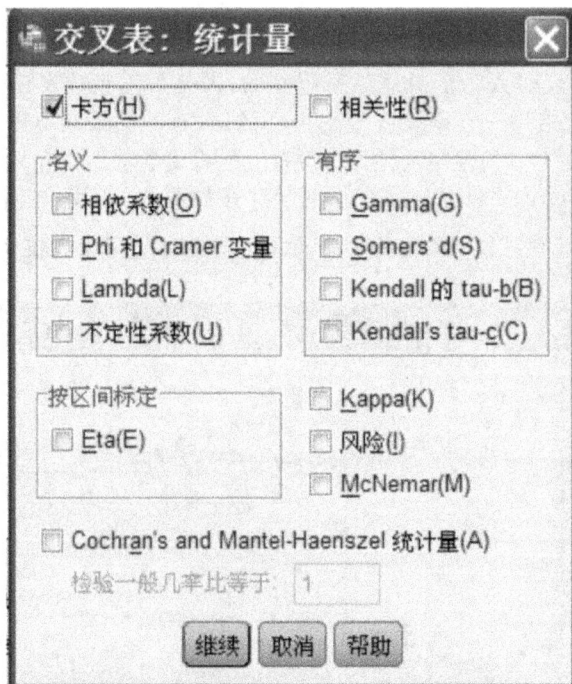

图 6-5　选择统计方法(卡方检验)对话框

表 6-2 灭螨 A 和灭螨 B 杀灭大蜂螨效果

		效果		合计
		杀灭	未杀灭	
组别	灭螨 A	32	12	44
	灭螨 B	14	22	36
合计		46	34	80

表 6-3 χ^2 检验结果表

	χ^2 值	df	渐进 Sig.（双侧）	精确 Sig.（双侧）	精确 Sig.（单侧）
Pearson 卡方	9.277[a]	1	0.002		
连续矫正[b]	7.944	1	0.005		
似然比	9.419	1	0.002		
Fisher 的精确检验				0.003	0.002
有效案例中的 N	80				

a. 0 单元格(0.0%)的期望计数少于 5，最小期望计数为 15.30。

b. 仅对 2×2 表计数。

3.结果说明

表 6-2 是样本分类的频数分析表，即我们通常所说的列联表。

表 6-3 是卡方检验结果：

Pearson 卡方：皮尔逊卡方检验计算的卡方值（样本数 $n \geq 40$ 且所有理论数 $E \geq 5$）。

连续校正[b]：连续性校正卡方值（df=1，只用于 2×2 列联表）。

似然比：对数似然比法计算的卡方值（类似皮尔逊卡方检验）。

Fisher 的精准检验：精确概率法计算的卡方值（用于理论数 $E < 5$）。

不同的资料应选用不同的卡方计算方法。通常在 Pearson 卡方、连续校正卡方、Fisher 的精准检验概率检验三种方法之间选择即可。

例 6.1 为 2×2 列联表，df = 1，须用连续性矫正公式，故采用"连续矫正"行的统计结果。所以 $\chi^2 = 7.944$，$P(\text{sig.}) = 0.005 < 0.01$，表明灭螨剂 A 组的杀螨率极显著高于灭螨剂 B 组。

二、$R \times K$ 列联表的独立性检验

（一）基本原理和方法

$R \times K$ 列联表是指处理数有 r 个，分类变量有 k 个类别，其中 r 或 k 大于 2，df=($r-1$)×($k-1$)。进行卡方检验时，在各类别的理论频数不小于 5 时，用 Pearson 统计量计算，其计算公式为：

$$\chi^2 = \sum_{i=1}^{k} \frac{(O_i - E_i)^2}{E_i}。$$

若某类别的理论频数小于5,且无法与别类别合并,可选择 Fisher 的精准概率法检验。

(二)例题及统计分析

例 6.2   用 A、B、C 三种方法治疗仔猪白痢病,试验结果见表 6-4。试检验不同的治疗方法是否与治疗效果有关。

表 6-4   三种不同治疗方法的治疗效果

治疗方法	治疗效果			总　　和
	治愈	好转	死亡	
A 法	19	16	5	40
B 法	16	12	8	36
C 法	15	13	7	35
总　　和	50	41	20	111

1. 数据输入

(1)单击数据编辑器窗口底部的"变量视图"标签,进入"变量视图"窗口,命名三个变量"治疗方法"、"治疗效果"、"计数"。分别用 1、2、3 代表三种不同的"治疗方法"和三种不同的"治疗效果"。小数位依题意都定义为 0。

(2)单击数据编辑器窗口底部的"数据视图"标签,进入"数据视图"窗口。按图 6-6 的格式输入数据。

	治疗方法	治疗效果	计数
1	1	1	19
2	1	2	16
3	1	3	5
4	2	1	16
5	2	2	12
6	2	3	8
7	3	1	15
8	3	2	13
9	3	3	7

图 6-6   例 6.2 数据输入格式

2.统计分析

(1)简明分析步骤

> 数据→加权个案
>   ⊙加权个案
>   频率变量:计数   频数变量为计数
>   确定
> 分析→描述统计→交叉表
>   行:治疗方法   行变量
>   列:治疗效果   列变量
> 统计量:
>   ☑ 卡方   要求进行卡方检验
>   继续
> 确定

(2)分析过程说明

①表6-4资料是采用频数表格式来记录的,故在卡方检验之前须用"加权个案"命令将频数变量定义为加权变量。操作如下:单击"数据→ 加权个案"命令,打开图6-7所示对话框,选中"加权个案",单击箭头 ➡,将变量"计数"置入"频率变量"框内,定义"计数"为权数,单击"确定"按钮。

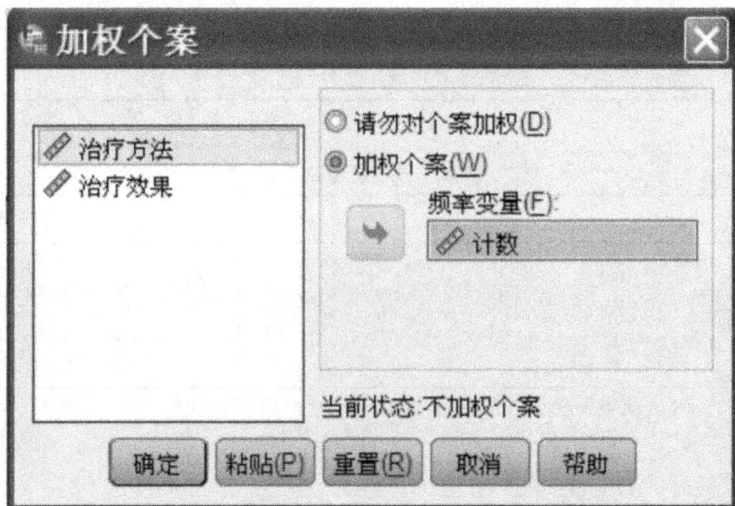

图6-7 将"计数"变量中的数值转成"权数"

②依次单击主菜单"分析→描述统计→交叉表",打开对话框,单击箭头 ➡,将行变量"治疗方法"置入"行"框内,将列变量"治疗效果"置入"列"框内,如图6-8所示。

③单击"统计量"按钮,打开"选择统计方法"对话框(参见图6-5),选中"卡方",单击"继续"按钮,返回图6-8,再单击"确定"按钮,输出表6-5、表6-6所示结果。

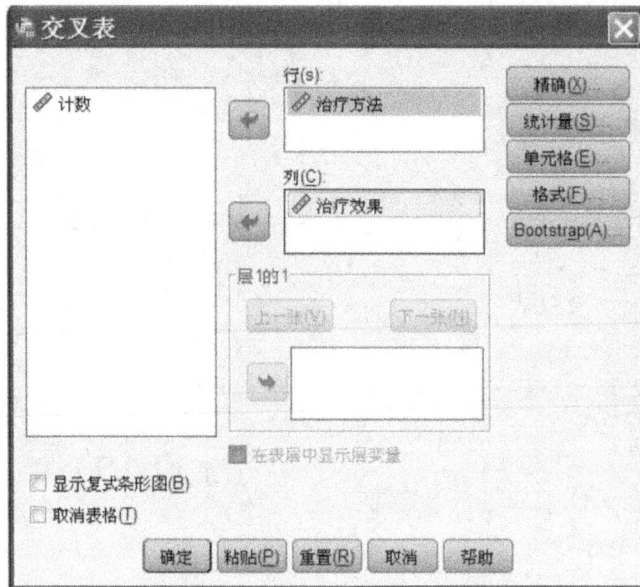

图 6-8　行×列分析对话框

表 6-5　三种不同治疗方法的治疗效果

		治疗效果			合计
		1	2	3	
治疗方法	1	19	16	5	40
	2	16	12	8	36
	3	15	13	7	35
合计		50	41	20	111

表 6-6　χ^2 检验结果表

	χ^2 值	df	渐进 Sig.（双侧）
Pearson 卡方	1.428[a]	4	0.839
似然比	1.484	4	0.830
线性和线性组合	0.514	1	0.474
有效案例中的 N	111		

a. 0 单元格（0.0%）的期望计数少于 5，最小期望计数为 6.31。

3.结果说明

表 6-5 是资料分类的列联表。

表 6-6 是卡方检验结果,本例自由度 df=4,表格下方注解表明理论次数小于 5 的格子数为 0,最小的理论次数为 6.31。各理论次数均大于 5,无须进行连续性矫正,因此可采用第一行（Pearson 卡方）的检验结果,即 χ^2=1.428,P=0.839>0.05,差异不显著,可以认为不同的治疗方法与治疗效果无关,即三种治疗方法对治疗效果的影响差异不显著。

例 6.3　表 6-7 为不同灌溉方式下的水稻叶片衰老情况的调查资料。试检验稻叶衰老情况是否与灌溉方式有关。

表 6-7　在不同灌溉方式下的水稻叶片衰老情况

灌溉方式	绿叶数	黄叶数	枯叶数
深水	146	7	7
浅水	183	9	13
湿润	152	14	16
总　计	481	30	36

1.数据输入

单击数据编辑器窗口底部的"变量视图"标签,进入"变量视图"窗口,分别命名三个变量"灌溉方式"、"稻叶情况"、"计数"。分别用 1、2、3 代表 3 种不同灌溉方式和 3 种不同稻叶情况。小数位依题都定义为 0。单击窗口底部的"数据视图"标签,进入"数据视图"窗口,按图6-9的格式输入数据。

	灌溉方式	稻叶情况	计数
1	1	1	146
2	1	2	7
3	1	3	7
4	2	1	183
5	2	2	9
6	2	3	13
7	3	1	152
8	3	2	14
9	3	3	16

图 6-9　例 6.3 数据输入格式

2.统计分析

(1)依次单击"数据→加权个案",打开对话框(参见图 6-7),选中"加权个案",单击箭头 ,将变量"计数"置入"频率变量"框内,定义"计数"为权数,单击"确定"按钮。

(2)依次单击"分析→描述统计→交叉表",打开对话框(参见图 6-8),单击箭头 ,将行变量"灌溉方式"置入"行"框内,将列变量"稻叶情况"置入"列"框内。

(3)单击"统计量"按钮,打开"选择统计方法"对话框(参见图 6-5),选中"卡方",单击"继续"按钮,返回图 6-8,再单击"确定"按钮,输出表 6-8、表 6-9 所示结果。

表 6-8　在不同灌溉方式下的水稻叶片衰老情况

		稻叶情况			合计
		1	2	3	
灌溉方式	1	146	7	7	160
	2	183	9	13	205
	3	152	14	16	182
合计		481	30	36	547

表 6-9 χ^2 检验结果表

	χ^2 值	df	渐进 Sig.(双侧)
Pearson 卡方	5.622ª	4	0.229
似然比	5.535	4	0.237
线性和线性组合	4.510	1	0.034
有效案例中的 N	547		

a. 0 单元格(0.0%)的期望计数少于 5,最小期望计数为 8.78。

3.结果说明

表 6-8 是资料分类的列联表。

表 6-9 是卡方检验结果,本例自由度 df=4,样本数 n=547。表格下方注解为理论次数小于 5 的格子数为 0,最小的理论次数为 8.78。各理论次数均大于 5,无须进行连续性矫正,因此可采用第一行(Pearson 卡方)的检验结果,即 χ^2=5.622,P=0.229>0.05,差异不显著,即不同灌溉方式对水稻叶片的衰老情况没有显著影响。

例 6.4 对甲、乙、丙三个奶牛场奶牛的产奶性能进行调查,划分为高产奶牛、中产奶牛和低产奶牛 3 种类型。结果见表 6-10。试检验 3 个奶牛场不同类型奶牛的构成比是否有显著差异。

表 6-10 三个奶牛场不同类型奶牛分类统计

场地	类型			总和
	高产奶牛	中产奶牛	低产奶牛	
甲	15	24	12	51
乙	4	2	7	13
丙	20	13	11	44
总和	39	39	30	108

从表 6-10 可见乙场的 3 个格子中的频数都较少,计算可得它们的理论数均小于 5,故必须采用精确概率法计算。

1.数据输入

单击数据编辑器窗口"变量视图"标签,进入"变量视图"窗口,分别命名三个变量"场地"、"奶牛类型"、"计数"。分别用 1、2、3 代表三种不同的"场地"和三种不同的"奶牛类型"。"小数"依题意都定义为 0,如图 6-10 所示。单击数据编辑器窗口底部的"数据视图"标签,进入"数据视图"窗口。按图 6-11 的格式输入数据。

图 6-10 例 6.4 资料的变量命名

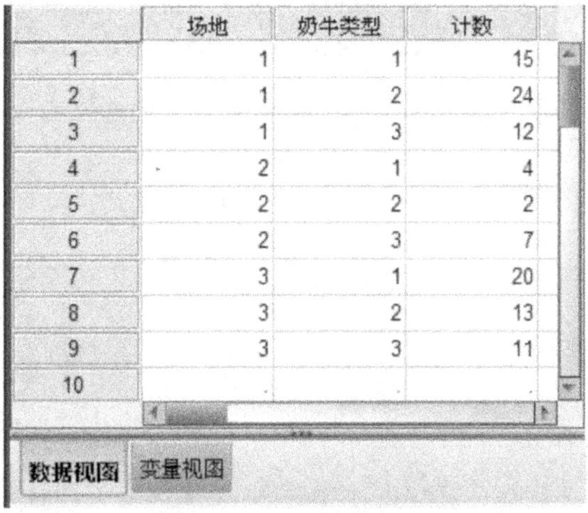

图 6-11　例 6.4 数据输入格式

2.统计分析

(1)简明分析步骤

数据→加权个案
　⊙加权个案
　频率变量:计数　　　　　　　　　　　频数变量为"计数"
　确定
分析→描述统计→交叉表
　行:场地　　　　　　　　　　　　　　行变量
　列:奶牛类型　　　　　　　　　　　　列变量
统计量:
　☑卡方:　　　　　　　　　　　　　　要求进行卡方检验
　继续
精确
　⊙精确　　　　　　　　　　　　　　　计算精确概率值
　继续
确定

(2)分析过程说明

①表 6-10 的资料是采用频数表格式来记录的,故在卡方检验之前须用"加权个案"命令将频数变量定义为加权变量。操作如下:单击"数据→ 加权个案"命令,打开图 6-12 所示对话框,选中"加权个案",单击箭头 ➡ ,将变量"计数"置入"频率变量"框内,定义"计数"为权数,单击"确定"按钮。

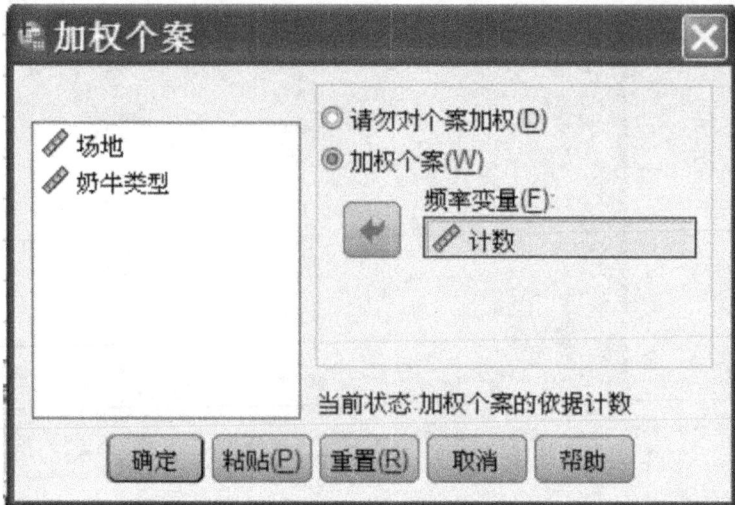

图 6-12　将"计数"变量中的数值转成"权数"

②依次单击主菜单"分析→描述统计→交叉表",打开对话框,单击箭头 ,将行变量"场地"置入"行"框内,将列变量"奶牛类型"置入"列"框内,如图 6-13 所示。单击"统计量"按钮,打开"选择统计方法"对话框(参见图 6-5),选中"卡方",单击"确定"按钮,返回图 6-13 所示对话框。

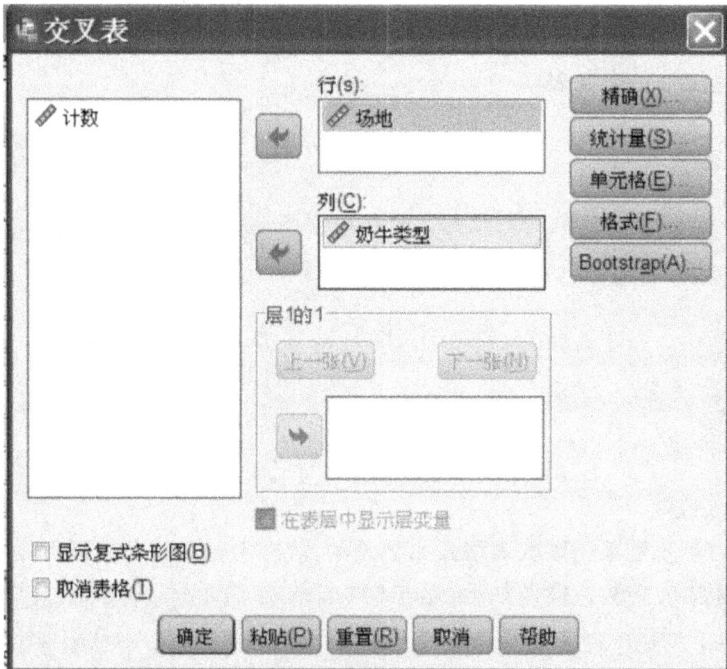

图 6-13　行×列分析对话框

③单击"精确"按钮,打开计算精确概率值的"精确检验"子对话框(图 6-14),选中"精确",单击"继续"按钮,返回图 6-13,再单击"确定"按钮,输出表 6-11、表 6-12 所示结果。

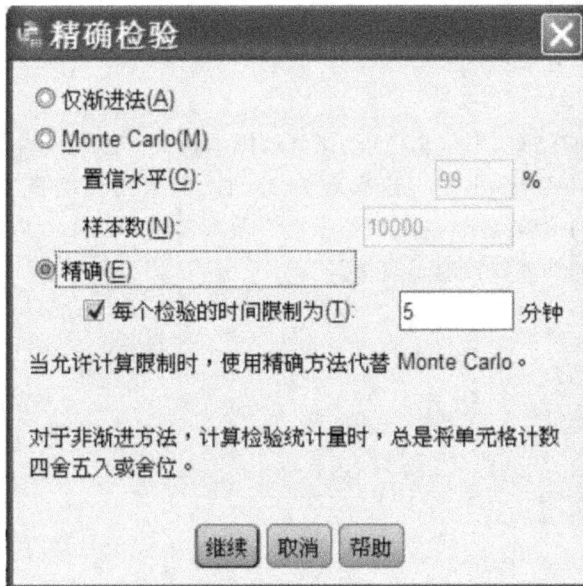

图 6-14　计算确切概率值（Exact）子对话框

图 16-14 计算精确概率值子对话框说明：

仅渐进法：仅计算近似的概率值，不计算精确概率。

Monte Carlo：采用蒙特卡罗方法计算精确概率值。

精确：计算精确概率值，默认计算时间限制在 5 分钟内，超过此时限则自动停止，该默认值可以更改。因为当检验的样本较大或者列联表的行数或列数稍大时，若采用精确概率法检验，有时计算容量会变得无法承受，使得计算过程极为漫长，此时可选择置信区间为 99％的蒙特卡罗（Monte Carlo）方法计算。

表 6-11　三个奶牛场不同类型奶牛分类统计

		奶牛类型			合计
		1	2	3	
场地	1	15	24	12	51
	2	4	2	7	13
	3	20	13	11	44
合计		39	39	30	108

表 6-12　χ² 检验结果表

	χ² 值	df	渐进 Sig.（双侧）	精确 Sig.（双侧）	精确 Sig.（单侧）	点概率
Pearson 卡方	9.199[a]	4	0.056	0.056		
似然比	8.813	4	0.066	0.079		
Fisher 的精确检验	8.463			0.072		
线性和线性组合	0.719[b]	1	0.397	0.404	0.217	0.036
有效案例中的 N	108					

a. 3 单元格（33.3％）的期望计数少于 5，最小期望计数为 3.61。

b. 标准化统计量是 −0.848。

101

3.结果说明

表 6-11 是资料分类的列联表。

表 6-12 是卡方检验结果,本例自由度 df=4,样本数 n=108。表格下方注解表明理论次数小于 5 的格子数有 3 个,最小的理论次数为 3.61。需采用精确概率法计算,即用第三行(Fisher 的精确检验)的检验结果(这里仅给出概率值),P=0.072>0.05,差异不显著,即 3 个奶牛场不同类型奶牛的构成比没有显著差异。

三、配对 χ^2 检验

(一)基本原理和方法

把每一份样本平分为两份,分别用两种检测方法进行检测,比较此两种检测方法的结果(两类计数资料)是否具有一致性或两种方法在哪些地方不一致;或分别采用两种方法对同一批动、植物进行检查,比较此两种检查方法的结果是否有本质不同,此时要用配对 χ^2 检验。其计算公式为:

当 $b+c>40$ 时,公式为:$\chi^2 = \sum \frac{(b-c)^2}{b+c}$。

当 $b+c<40$ 时,用校正公式:$\chi^2 = \sum \frac{(|b-c|-1)^2}{b+c}$。

(二)例题及统计分析

例 6.5　用胶乳凝集试验(LPA)和免疫荧光抗体试验(FA)两种方法平行检测了 28 羽病鸭的番鸭细小病毒(MPV)抗原,检测结果如表 6-13 所示。

表 6-13　LPA 和 FA 检测野外送检鸭肝组织中 MPV 抗原结果

LPA	FA		合计
	阳性＋	阴性－	
阳性＋	17(a)	0(b)	17
阴性－	4(c)	7(d)	11
合计	21	7	28

表 6-13 表示:LPA 和 FA 检测均呈阳性的有 17 对样本;LPA 和 FA 均呈阴性的有 7 对样本;LPA 阳性而 FA 阴性的有 0 对样本;LPA 阴性而 FA 阳性的有 4 对样本。

1.数据输入

单击数据编辑器窗口底部的"变量视图"标签,进入"变量视图"窗口,命名三个变量:"LPA"、"FA"、"对子数",阳性用 1 表示,阴性用 2 表示,小数位都定义为 0。点击窗口底部的"数据视图"标签,进入"数据视图"窗口,按图 6-15 的格式输入数据。

	名称	类型	宽度	小数
1	LPA	数值(N)	8	0
2	FA	数值(N)	8	0
3	对子数	数值(N)	8	0

图 6-15　例 6.5 数据输入格式

2.统计分析

(1)简明分析步骤

数据→加权个案	
⊙加权个案	
频率变量:对子数	频数变量为对子数
确定	
分析→描述统计→交叉表	
行:LPA	行变量
列:FA	列变量
统计量:	
☑ McNemar	要求进行卡方检验
☑ kappa	要求进行一致性检验
继续	
确定	

(2)分析过程说明

①表 6-13 的资料是采用频数表格式来记录的,在卡方检验之前须用"加权个案"命令把频数变量定义为加权变量。操作如下:单击"数据→ 加权个案"命令,打开对话框(参见图 6-7),选中"加权个案",单击箭头 ➡,将变量"对子数"置入"频率变量"框内,定义"对子数"为权数,点击"确定"按钮。

②依次单击主菜单"分析→描述统计→交叉表",打开对话框,单击箭头 ➡,将变量"LPA"置入"行"框内,将"FA"变量置入"列"框内,如图 6-16 所示。

③单击"统计量"按钮,打开如图 6-17 所示对话框,选中 McNemar(这是 SPSS 用于配对 χ^2 检验方法),再选中 Kappa(计算 Kappa 值,即一致性系数),单击"继续"按钮,返回图 6-16,单击"确定"按钮,输出表 6-14 、表 6-15、表 6-16 所示内容。

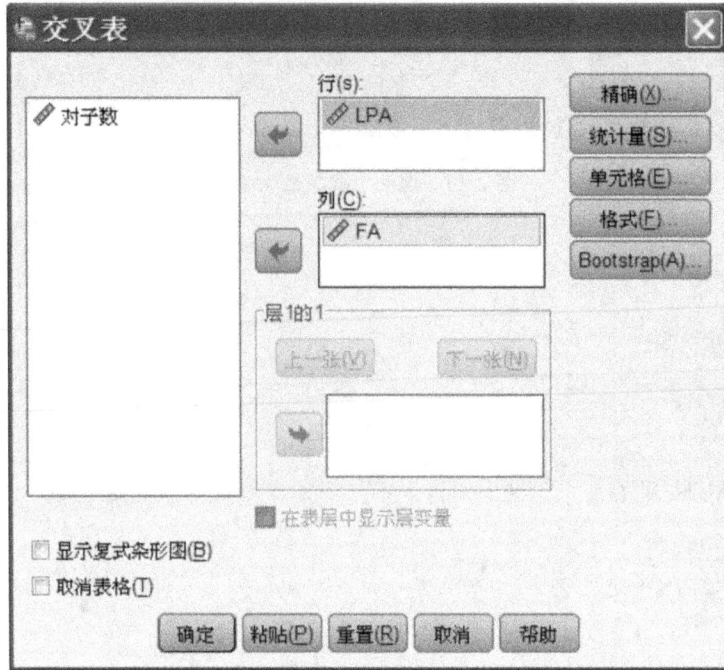

图 6-16　行×列分析对话框

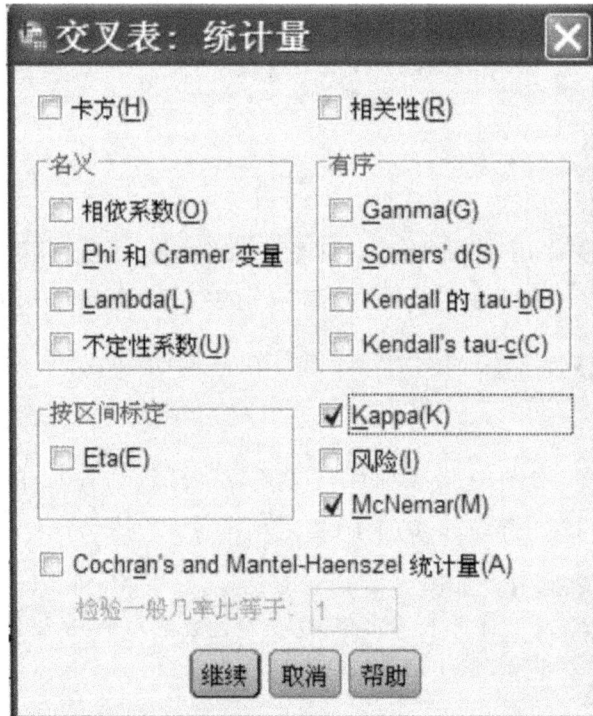

图 6-17　配对资料 χ^2 检验对话框

表 6-14　两种检测方法结果

		FA		合计
		1	2	
LPA	1	17	0	17
	2	4	7	11
合计		21	7	28

表 6-15　两种检测结果的配对 χ^2 检验

	值	精确 Sig.（双侧）
McNemar 检验		0.125[a]
有效案例中的 N	28	

a.使用的二项式分布。

表 6-16　两种检测结果的一致性检验

	值	渐进标准误差[a]	近似值 T[b]	近似值 Sig.
一致性度量 Kappa	0.680	0.140	3.798	0.000
有效案例中的 N	28			

a.不假定零假设。
b.使用渐进标准误差假定零假设。

3.结果说明

(1)表 6-15 为 LPA 和 FA 两种检测方法的配对卡方检验。由于 $b+c<40$，SPSS 选用二项分布的直接计算概率法（相当于进行了精确校正），计算该配对资料的 χ^2 检验的精确双侧概率，并且不能给出卡方值。由本例得 $P=0.125>0.05$，差异不显著，可以认为 LPA 法和 FA 法对番鸭细小病毒抗原的检出率无显著差异。

(2)表 6-16 为 LPA 和 FA 两种检测结果的一致性检验。Kappa 值是内部一致性系数，除根据 P 值判断一致性有无统计学意义外，根据经验，Kappa≥0.75，表明两者一致性较好，0.75＞Kappa≥0.4 表明一致性一般，Kappa＜0.4 则表明一致性较差。本例 Kappa 值为 0.680，P（近似值 sig）＝0.000 ＜ 0.01，拒绝无效假设，即认为两种检测方法结果存在一致性，Kappa 值为 0.680，小于 0.75，大于 0.4，故认为其一致性中等。

第七章　相关分析

　　自然界中的许多事物彼此间都存在相互联系、相互制约的关系,因而在生物试验研究中,常常要研究两个或两个以上变量间的关系。这种关系经常是一种不确定的相关关系,即一个变量的取值受到另一个或多个变量的影响,两者之间既有关系,但又不存在完全确定的函数关系。例如仔猪初生重与断奶重的关系,一般来说,初生重大的个体断奶重也大,但初生重相同的个体其断奶重并不都相同,这是因为初生重并不是决定断奶重的唯一原因,它还受到个体的遗传构成、饲养水平等诸多因素的影响。另外还有鱼的体长与体重之间的关系,作物的产量与施肥量之间的关系,药物的剂量与疗效之间的关系,猪瘦肉量与眼肌面积、胴体长、膘厚之间的关系,等等。相关分析就是研究变量间相关关系的一种常用方法。

　　SPSS统计软件中的相关分析在"分析"菜单的"相关"子菜单中,包括以下三个功能。

　　(1)双变量(两两相关分析)

　　用于两个或多个变量之间的参数与非参数相关分析,如果是对多个变量的分析,将给出它们之间两两相关分析的结果。这是"相关"子菜单中最为常用的一个功能。

　　根据数据度量尺度不同,采用相关分析的方法不同。连续型变量之间的相关性常用 Pearson(皮尔逊)线性相关系数来度量,定序变量的相关性常用 Spearman 秩相关系数或 Kendall 秩相关系数来度量,而定类变量的相关分析则要使用列联表分析方法。

　　(2)偏相关

　　如果进行相关分析的两个变量取值均受到其他变量的影响,就可以利用偏相关分析对所谓的其他变量进行控制,这种方法的思想和协方差比较类似。

　　(3)距离

　　距离相关分析是对观测量之间或变量之间相似或不相似的一种测度,即计算一对变量之间或一对观测量之间的广义距离。这些相似性或距离测度可以用于其他分析过程,如因子分析、聚类分析等。

　　本章主要讨论双变量相关分析与偏相关分析。

一、两个变量间的线性相关分析

(一)基本原理和方法

　　线性相关分析又称为简单相关分析,是用来研究具有线性关系的两个变量间的相关关系,适用于双变量正态分布资料。反映两个变量之间的密切程度及其相关方向的指标称为线性相关系数,又称为 Pearson(皮尔逊)相关系数。样本的相关系数用 r 表示,总体相关系数用 ρ 表示。相关系数以数值的方式精确地反映了两个变量之间线性相关的强弱程度及其相关方向。

　　样本相关系数的计算公式为:

$$r_{xy} = \frac{\sum\limits_{i=1}^{n}(x_i-\bar{x})(y_i-\bar{y})}{\sqrt{\sum\limits_{i=1}^{n}(x_i-\bar{x})^2 \sum\limits_{i=1}^{n}(y_i-\bar{y})^2}}.$$

公式中的 n 为样本数，x_i 和 y_i 分别为两个变量的变量值。Pearson 线性相关关系还具有以下的特征：

$|r| \leqslant 1$，$|r|$ 越大表示两变量相关性越强，$|r|$ 越小表示两变量相关性越弱；

$r=0$ 时，表示两变量不存在线性相关关系；

r 为正值时，表示两变量呈正相关，即 y 变量随着 x 变量的增大而增大；

r 为负值时，表示两变量呈负相关，即 y 变量随着 x 变量的增大而减小。

在实际分析中，相关系数大都是利用样本数据计算的，因而带有一定的随机性，因此也需要对相关关系的显著性进行检验，即判断样本相关系数 r 是否来自 $\rho \neq 0$ 的总体，可以采用 t 检验或者 F 检验，此时的零假设和备择假设分别为 $H_0:\rho=0$，$H_A:\rho \neq 0$。

t 检验统计量 $t=r/S_r$，$df=n-2$；$S_r=\sqrt{(1-r^2)/(n-2)}$ 称为相关系数的标准误。

F 检验统计量 $F=\dfrac{r^2}{(1-r^2)/(n-2)}$，$df_1=1$，$df_2=n-2$。

SPSS 将自动计算 Pearson 相关系数，t 检验的统计量和对应的概率 P 值。当 $P<0.05$ 时，拒绝零假设，说明两变量之间存在着显著的线性相关关系；当 $P \geqslant 0.05$ 时，接受零假设，表明两变量间不存在线性相关关系。

(二)例题及统计分析

例 7.1 某科技人员饲养了 35 尾团头鲂，共重 7.2 kg，在水温 29 ℃的条件下，测量摄食量(g)与耗氧率(mgO_2/kg·h)之间的关系，结果如表 7-1 所示，试计算摄食量与耗氧率的线性相关系数。

表 7-1 摄食量不同时团头鲂耗氧率的测定结果

摄食量(g)	20	30	40	50	60	70
耗氧率(mgO_2/kg·h)	536.3	573.5	595.9	628.9	669.6	725.7

1.数据输入

(1)单击数据编辑器窗口底部的"变量视图"标签，进入"变量视图"窗口，分别命名两个变量："摄食量"、"耗氧量"。小数依题意分别定义为 0 和 1，如图 7-1 所示。

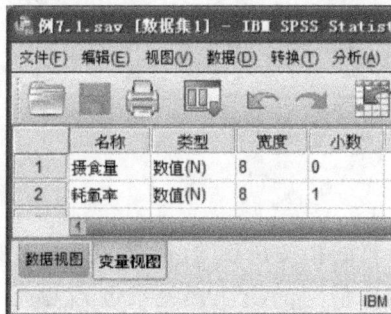

图 7-1 例 7.1 资料的变量命名

图 7-2 例 7.1 数据输入格式

(2)单击数据编辑器窗口底部的"数据视图"标签,进入"数据视图"窗口,按图 7-2 的格式输入数据。

2.统计分析

(1)简明分析步骤

分析→相关→双变量
变量:摄食量、耗氧率　　　　　　　　选入要分析的变量摄食量、耗氧率
　　☑ Pearson　　　　　　　　　　　要求计算 Pearson 相关系数
　　⊙ 双侧检验　　　　　　　　　　　要求计算检验相关系数显著性的双侧概率
选项:
　　☑均值和标准差　　　　　　　　　计算两变量的基本统计量
　　继续
确定

(2)分析过程说明

①依次单击主菜单"分析→ 相关→ 双变量",打开"双变量相关"主对话框,如图 7-3 所示。选中变量"摄食量"和"耗氧率",单击箭头 ➡ 将其置入"变量"框内,选中"Pearson",计算线性相关系数 r。

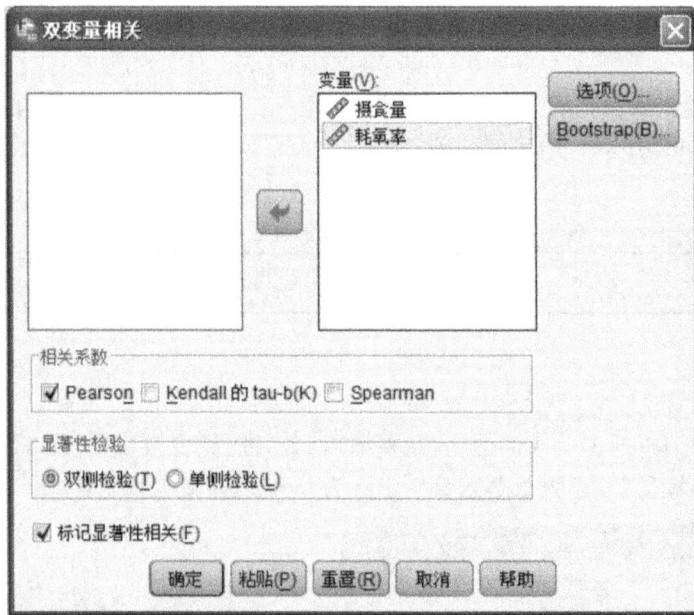

图 7-3　两变量(摄食量与耗氧率)相关分析对话框

图 7-3 两变量相关分析对话框说明:

a."相关系数"子设量栏。在此选择需要计算的相关系数类型,有三个可选项:

Pearson 计算连续变量或是等间隔测度的变量间的线性相关系数 r,也是系统默认的选项。

Kendall 的 tau-b 计算 Kendall τ 等级相关系数,这是一个用于反映分类变量一致性的指标,只能在两个变量均属于有序分类时使用。

Spearman 计算 Spearman 相关系数,即最常用的非参数相关分析(秩相关)。

后两种相关关系数将在例 7.2、例 7.3 中介绍。

b.“显著性检验”子设量栏。用于确定进行相关系数的双侧检验(系统默认设置)或单侧检验。

c.“标记显著性相关”子设量栏。选择此项,则在输出结果中标出有显著意义的相关系数。如果相关系数右上角上有 * 号,则代表显著性水平为 0.05;如果相关系数右上角上有 * * 号,则代表显著性水平为 0.01。

②单击图 7-3“选项”按钮,打开图 7-4 所示对话框,勾选“均值和标准差”复选框,计算两变量的平均数和标准差,单击“继续”按钮,返回图 7-3,单击“确定”按钮,输出表 7-2、表 7-3 所示内容。

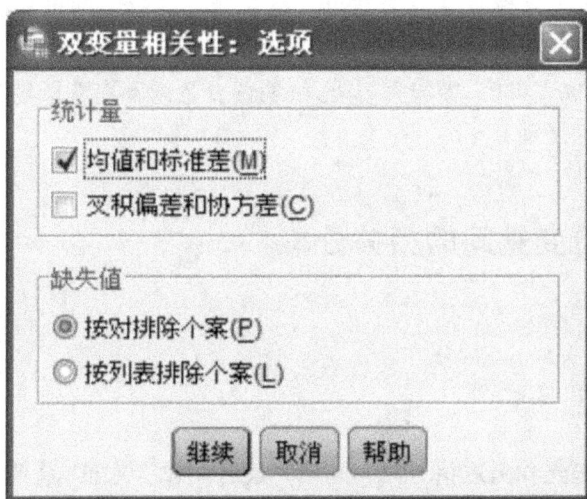

图 7-4 两变量(摄食量与耗氧率)的描述性统计指标

图 7-4 对话框说明:

“统计量”栏:选择计算哪些统计量。

a.“均值与标准差”表示计算每个变量的均值和标准差等描述统计量。

b.“叉积偏差和及协方差”表示对每一对变量输出叉积离差矩阵和协方差矩阵,叉积离差等于均值修正变量的积的总和,即 Pearson 相关系数的分子。

“缺失值”栏:设置选择缺失值的处理方式,“按对排除个案”选项表示在计算某个统计量时,从这个变量中排除有缺省值的观测,它为系统默认选项;“按列表排除个案”选项表示对于任何分析,剔除所有含缺省值的观测个案。

表 7-2 摄食量与耗氧率的描述性统计指标

	均值	标准差	N
摄食量	45.00	18.708	6
耗氧率	621.650	68.475 2	6

表 7-3　摄食量与耗氧率的相关分析结果表

		摄食量	耗氧率
摄食量	Pearson 相关性	1	0.990＊＊
	显著性(双侧)		0.000
	N	6	6
耗氧率	Pearson 相关性	0.990＊＊	1
	显著性(双侧)	0.000	
	N	6	6

＊＊ 在 0.01 水平(双侧)上显著相关。

3.结果说明

表 7-2 为描述性统计量的输出结果,包括两变量的均数、标准差和观测样本数。摄食量:$\bar{x}=45.00, s=18.708$。耗氧率:$\bar{x}=621.650, s=68.475\,2$。

表 7-3 给出的是相关系数及其检验结果。摄食量与耗氧率间的相关系数 $r=0.990$。在 SPSS 输出的结果中,相关系数肩标"＊"为 $P<0.05$,差异显著;肩标"＊＊"为 $P<0.01$,差异极显著。本例 $P=0.000<0.01$,差异极显著,表明两变量间存在着极显著的正相关关系,即耗氧率随摄食量的增加而增加。

二、两个等级(秩)变量间的相关分析

(一)基本原理和方法

当变量是以有序等级作为取值,即以自然数 1、2、… 作为取值,这些变量称为有序等级变量,可用秩相关也称为等级相关分析两个变量之间的相关程度,常用的度量指标是 Spearman 秩相关系数和 Kendall 秩相关系数。

1. Spearman 秩相关系数 r_s

Spearman 秩相关系数的计算公式为:

$$r_s = 1 - \frac{6\sum_{i=1}^{n} d_i^2}{n(n^2-1)},$$

式中 d_i 为第 i 个样本对应于两变量的秩之差,n 为所有观察对的个数。

Spearman 秩相关系数相当于 Pearson 相关系数的非参数形式,它根据数据的秩而不是数据的实际值计算。Spearman 秩相关系数的取值范围也在 -1 到 1 之间,绝对值越大相关性越强,取值符号也表示相关的方向。

计算出 Spearman 秩相关系数 r_s 后,要对该系数进行检验,此时的零假设为:两变量不相关。在满足零假设的前提下,若是小样本,则 r_s 服从 Spearman 分布;在大样本下,统计量 $z = r_s\sqrt{n-1}$ 近似服从标准正态分布。

2. Kendall τ 秩相关系数

Kendall τ 秩相关系数与 Spearman 秩相关系数类似,都是利用变量的秩进行计算,只是计算方式不同,下面给出 SPSS 中 Kendall 的 τ 算法。

设两个随机变量 X、Y 共有 t 组观测对 (x, y),对任意第 (i, j) 个观测数据,若满足 $i < j$,则 $d_{ij} = [R(X_j) - R(X_i)][R(Y_j) - R(Y_i)]$,令 $S = \sum_{i=1}^{N-1} \sum_{j=i+1}^{N} \text{sign}(d_{ij})$,则 Kendall 的 $\tan(\tau)$ 按如下公式计算 $\tau = \dfrac{S}{\sqrt{\dfrac{N^2 - N - \tau_x}{2}} \sqrt{\dfrac{N^2 - N - \tau_y}{2}}}$。当此式分母为 0 时不能使用,需要按另外的公式计算。

Kendall τ 秩相关系数的显著性检验通过计算统计量 $Z = \dfrac{S}{\sqrt{d}}$ 进行,在零假设(X、Y 不相关)成立的条件下,它近似服从正态分布。

(二)例题及统计分析

例 7.2 中国黑白花奶牛的外貌评分等级一般分为特等 80 分,一等 75 分,二等 70 分,三等 65 分 4 个等级(用 1、2、3、4 表示)。甲、乙两评委对 10 头母牛进行评定,评定等级结果如表 7-4。试分析甲、乙两评委评分的一致性。

表 7-4 评定结果

母牛号	1	2	3	4	5	6	7	8	9	10
甲	1	3	2	1	4	3	2	2	3	1
乙	1	2	2	1	4	4	2	1	3	2

1. 数据输入

(1)单击数据编辑器窗口底部的"变量视图"标签,进入"变量视图"窗口,分别命名两变量:"甲"、"乙"。小数依题意都定义为 0。

(2)单击数据编辑器窗口底部的"数据视图"标签,进入"数据视图"窗口,按图 7-5 的格式输入数据。

	甲	乙
1	1	1
2	3	2
3	2	2
4	1	1
5	4	4
6	3	4
7	2	2
8	2	1
9	3	3
10	1	2

图 7-5 例 7.2 数据输入格式

2.统计分析

(1)简明分析步骤

分析→相关→双变量
变量:甲、乙   选入要分析的变量甲、乙
    ☑ Kendall 的 tau-b   要求计算 Kendall τ 秩相关系数
    ☑ Spearman   要求计算 Spearman 秩相关系数
确定

(2)分析过程说明

依次单击主菜单"分析→相关→双变量",打开"双变量相关"主对话框,如图7-6所示。选中"甲"、"乙"两变量,单击箭头 将其置入"变量"框内。选中"Kendall 的 tau-b"和"Spearman",单击"确定"按钮,输出表7-5所示结果。

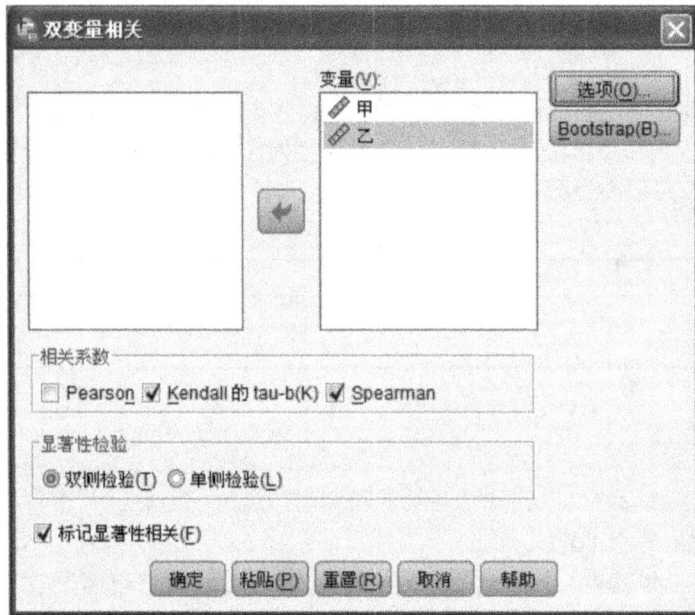

图 7-6 双变量相关分析对话框

表 7-5 例 7.2 等级(秩)相关分析结果

			甲	乙
Kendall 的 tau-b	甲	相关系数	1.000	0.732*
		Sig.(双侧)	0.0	0.010
		N	10	10
	乙	相关系数	0.732*	1.000
		Sig.(双侧)	0.010	0.0
		N	10	10

续表

		甲	乙
甲	相关系数	1.000	0.799**
	Sig.（双侧）	0.0	0.006
Spearman 的 rho		N	10	10
	相关系数	0.799**	1.000
乙	Sig.（双侧）	0.006	0.0
	N	10	10

* :在置信度（双侧）为 0.05 时,相关性是显著的。
** :在置信度（双侧）为 0.01 时,相关性是显著的。

3.结果说明

表 7-5 是甲、乙两个评委对奶牛等级评定的 Kendall τ 秩相关分析与 Spearman 秩相关分析结果。由此可知,Kendall τ 相关系数为 0.732,$P=0.01<0.05$,秩相关系数具有显著的统计学意义;Spearman 秩相关系数为 0.799,$P=0.006<0.01$,说明具有极显著的统计学意义。可认为两个评委的评定等级具有显著的一致性。两者结论一致。

若参与分析的变量为连续型变量,SPSS 系统则自动对连续变量的值先求秩,然后再计算其秩分数间的相关系数,下面举例说明。

例 7.3 对 8 头金华猪的胴体测定了肉色和 pH 值两个指标,数据列于表 7-6,问肉色与 pH 值的大小顺序是否相关?

表 7-6 8 头金华猪肉色与 pH 值测定结果

猪号	1	2	3	4	5	6	7	8
肉色评分	2	2	2	3	3	3	3	4
pH 值	5.50	5.51	5.60	6.33	6.10	5.80	6.07	6.22

1.数据输入

数据输入格式见图 7-7。

	肉色评分	pH值
1	2	5.50
2	2	5.51
3	2	5.60
4	3	6.33
5	3	6.10
6	3	5.80
7	3	6.07
8	4	6.22

图 7-7 例 7.3 数据输入格式

2.统计分析

分析步骤参见例 7-2,"双变量相关"主对话框的变量置入及子设量栏勾选项目见图 7-8。输出结果见表 7-7。

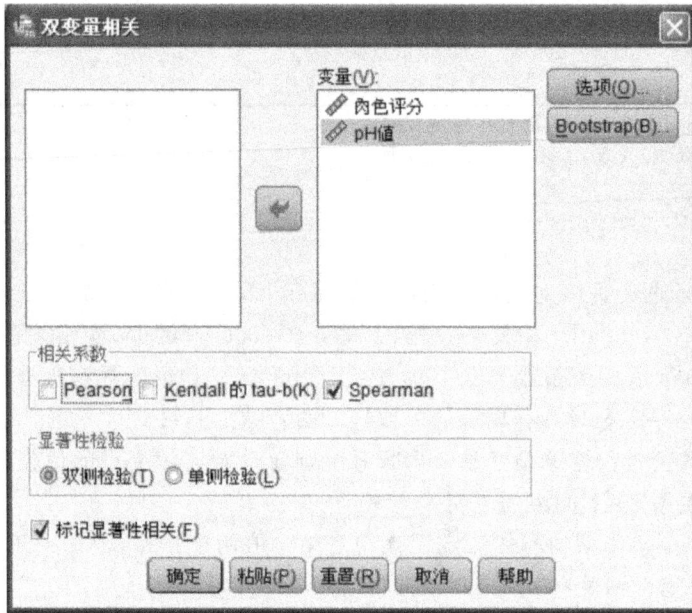

图 7-8　相关分析主对话框

表 7-7　例 7.3 等级(秩)相关分析结果

			肉色评分	pH 值
Spearman 的 rho	肉色评分	相关系数	1.000	0.848＊＊
		Sig.（双侧）	0.0	0.008
		N	8	8
	pH 值	相关系数	0.848＊＊	1.000
		Sig.（双侧）	0.008	0.0
		N	8	8

＊＊:在置信度(双测)为 0.01 时,相关性是显著的。

3.结果说明

从表 7-7 可知,肉色评分与 pH 值的 Spearman 秩相关系数为 0.848,$P=0.008<0.01$,差异极显著,说明金华猪肉色与 pH 值的大小顺序有关。

三、多个变量间的相关分析

多个变量间的两两相关分析方法类似于两个变量间的分析,现举例说明。

例 7.4　测定 13 块中籼南京 11 号高产田的每 667 m^2 穗数(x_1,万)、每穗粒数(x_2)和每

667 m^2 稻谷产量(y,kg),得结果见表 7-8,试进行相关分析。

表 7-8　南京 11 号高产田的每 667 m^2 穗数、每穗粒数和每 667 m^2 稻谷产量的关系

编号	穗数 x_1	粒数 x_2	产量 y
1	26.7	73.4	504
2	31.3	59.0	480
3	30.4	65.9	526
4	33.9	58.2	511
5	34.6	64.6	549
6	33.8	64.6	552
7	30.4	62.1	496
8	27.0	71.4	473
9	33.3	64.5	537
10	30.4	64.1	515
11	31.5	61.1	502
12	33.1	56.0	498
13	34.4	59.8	523

(一)数据输入

(1)单击数据编辑器窗口底部的“变量视图”标签,进入“变量视图”窗口,分别命名三个变量:“穗数 x_1”、“粒数 x_2”、“产量 y”,小数位依题意穗数 x_1、粒数 x_2 定义为 1,产量 y 定义为 0。

(2)单击数据编辑器窗口底部的“数据视图”标签,进入“数据视图”窗口,按图 7-9 的格式输入数据。

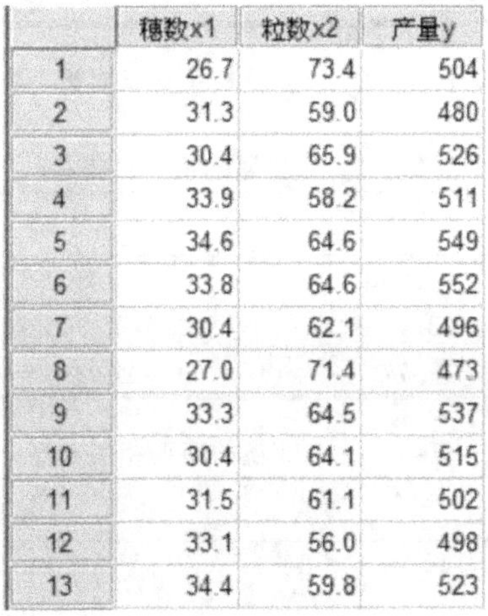

	穗数x1	粒数x2	产量y
1	26.7	73.4	504
2	31.3	59.0	480
3	30.4	65.9	526
4	33.9	58.2	511
5	34.6	64.6	549
6	33.8	64.6	552
7	30.4	62.1	496
8	27.0	71.4	473
9	33.3	64.5	537
10	30.4	64.1	515
11	31.5	61.1	502
12	33.1	56.0	498
13	34.4	59.8	523

图 7-9　例 7.4 数据输入格式

(二)统计分析

1. 简明分析步骤

参见例 7.1。

2.分析过程说明

依次单击主菜单"分析→相关→双变量",打开"双变量相关"主对话框,如图 7-10 所示,选中变量"穗数 x_1"、"粒数 x_2"、"产量 y",单击箭头 ⬅ 将其全部置入右边的"变量"框内。单击图 7-10"选项"按钮,打开计算变量描述性统计量对话框,勾选"均值和标准差"复选框,单击"继续"按钮返回图 7-10 界面,单击"确定"按钮,输出结果见表 7-9、表 7-10。

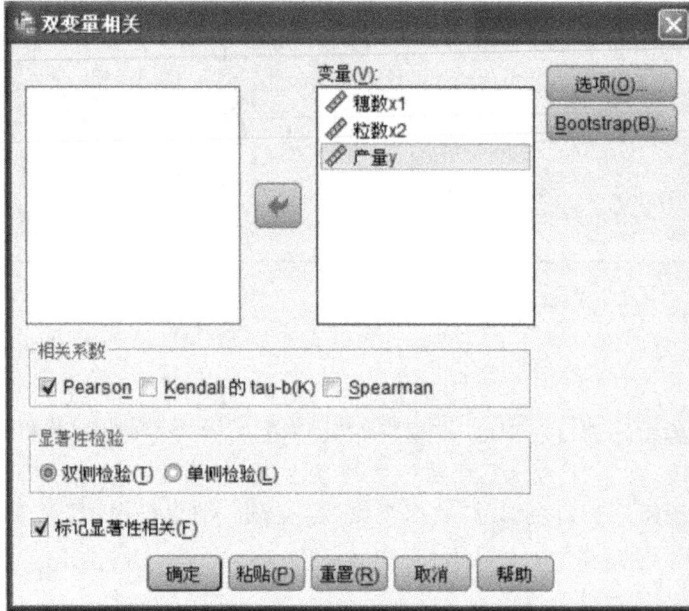

图 7-10　双变量相关分析对话框

表 7-9　三变量的描述性指标

	均值	标准差	N
穗数 x_1	31.600	2.609 3	13
粒数 x_2	63.438	4.965 8	13
产量 y	512.77	24.280	13

表 7-10　三变量的两两相关系数

		穗数 x_1	粒数 x_2	产量 y
穗数 x_1	Pearson 相关性	1	-0.717^{**}	0.627^{*}
	显著性(双侧)		0.006	0.022
	N	13	13	13
粒数 x_2	Pearson 相关性	-0.717^{**}	1	0.013
	显著性(双侧)	0.006		0.967
	N	13	13	13
产量 y	Pearson 相关性	0.627^{*}	0.013	1
	显著性(双侧)	0.022	0.967	
	N	13	13	13

**:在 0.01 水平(双侧)上显著相关。

*:在 0.05 水平(双侧)上显著相关。

（三）结果说明

表 7-9 为三变量的均数和标准差。穗数 x_1：$\bar{x} = 31.600, s = 2.609\,3$，粒数 x_2：$\bar{x} = 63.438, s = 4.965\,8$，产量 y：$\bar{x} = 512.77, S = 24.280$。

表 7-10 为相关分析结果。穗数 x_1 与粒数 x_2 相关系数 $r = -0.717$，$P = 0.006 < 0.01$，差异极显著，即两者存在极显著的线性负相关关系；穗数 x_1 与产量 y 相关系数 $r = 0.627$，$P = 0.022 < 0.05$，差异显著，两者存在显著的线性正相关关系；粒数 x_2 与产量 y 的相关系数 $r = 0.013$，$P = 0.967 > 0.05$，说明两者相关关系不显著。

四、偏相关分析

（一）基本原理和方法

在涉及多个变量的生物学研究中，由于变量之间的关系比较复杂，任何两个变量间都有可能存在不同程度的线性相关关系，但是这种相关关系又包含有其他变量的影响。因此，简单相关分析实际上并不能真实反映两个相关变量间的相关关系，为了消除其他变量的影响，找出两变量之间单纯的相关关系，必须在其他变量都保持不变的条件下研究两个变量间的相关性，才能真实地反映这两个变量间相关的性质与密切程度。这种排除其他变量影响后的两变量之间的相关分析称为偏相关分析，由此得出的相关系数叫做偏相关系数。

偏相关分析的基本步骤如下：

1. 计算偏相关系数

根据固定变量个数的多少，偏相关分析可分为零阶偏相关、一阶偏相关（控制一个变量）和 $(p-1)$ 阶偏相关，其中零阶偏相关就是简单相关。这里以一阶偏相关为例。

设随机变量 x_1、x_2、y 之间彼此存在着相关关系，为了研究 x_1 和 y 之间的关系，必须在假定 x_2 不变的条件下，计算 x_1 和 y 的偏相关系数，其定义为：

$$r_{y_1 \cdot x_2} = \frac{r_{y_1} - r_{y_2} r_{12}}{\sqrt{(1 - r_{y_2}^2)(1 - r_{12}^2)}}。$$

公式中，r_{y_1}、r_{y_2} 和 r_{12} 分别表示 y 和 x_1 的简单相关系数、y 和 x_2 的简单相关系数以及 x_1 和 x_2 的简单相关系数。偏相关系数的取值范围及大小与相关系数相同。

2. 偏相关系数的显著性检验

对偏相关系数的显著性检验与简单相关系数的检验方法类似，这里不再赘述。SPSS 能够直接计算出偏相关系数以及推断其显著性的 P 值。

（二）例题及统计分析

例 7.5　随机抽测某渔场 16 次放养记录，得到表 7-11 所示结果（单位 kg），试对鱼产量（y）和投饵量（x_1）、放养量（x_2）进行偏相关分析。分别以控制投饵量 x_1、放养量 x_2 的影响来分别考察它们与产鱼量的线性相关关系。

表 7-11　某渔场养鱼生产中投饵量、放养量和鱼产量的记录

编号	鱼产量 y(kg)	投饵量 x_1(kg)	放养量 x_2(kg)
1	7.1	9.5	1.9
2	6.4	8.0	2.0
3	10.4	9.5	2.6
4	10.9	9.8	2.7
5	7.0	9.7	2.0
6	10.0	13.5	2.4
7	7.9	9.5	2.3
8	9.3	12.5	2.2
9	12.8	9.4	3.3
10	7.5	11.4	2.3
11	10.3	7.7	3.6
12	6.6	8.3	2.1
13	9.5	12.5	2.5
14	7.7	8.0	2.4
15	7.0	6.5	3.2
16	9.5	12.9	1.9

1. 数据输入

(1)单击数据编辑器窗口底部的"变量视图"标签,进入"变量视图"窗口,分别命名三个变量:"鱼产量 y"、"投饵量 x_1"、"放养量 x_2",小数位依题意都定义为1。

(2)单击数据编辑器窗口底部的"数据视图"标签,进入"数据视图"窗口,按图 7-11 的格式输入数据。

	鱼产量y	投饵量x1	放养量x2
1	7.1	9.5	1.9
2	6.4	8.0	2.0
3	10.4	9.5	2.6
4	10.9	9.8	2.7
5	7.0	9.7	2.0
6	10.0	13.5	2.4
7	7.9	9.5	2.3
8	9.3	12.5	2.2
9	12.8	9.4	3.3
10	7.5	11.4	2.3
11	10.3	7.7	3.6
12	6.6	8.3	2.1
13	9.5	12.5	2.5
14	7.7	8.0	2.4
15	7.0	6.5	3.2
16	9.5	12.9	1.9

图 7-11　例 7.5 数据输入格式

2.统计分析

(1)简明分析步骤

分析→相关→偏相关
变量:鱼产量 y、投饵量 x_1 选入要分析的变量鱼产量、投饵量
控制:放养量 x_2 要求在分析时控制放养量的影响
选项:
   ☑均值和标准差   计算各变量平均数、标准差
   ☑零阶相关系数   计算所有变量间的两两相关系数
   继续
确定

(2)分析过程说明

①依次单击主菜单"分析→相关→偏相关",打开"偏相关"主对话框,选中变量"鱼产量 y"、"投饵量 x_1",单击箭头 ➡ 将其置入右边的"变量"框内,将要控制的变量"放养量 x_2"置入"控制"框内。如图 7-12 所示。

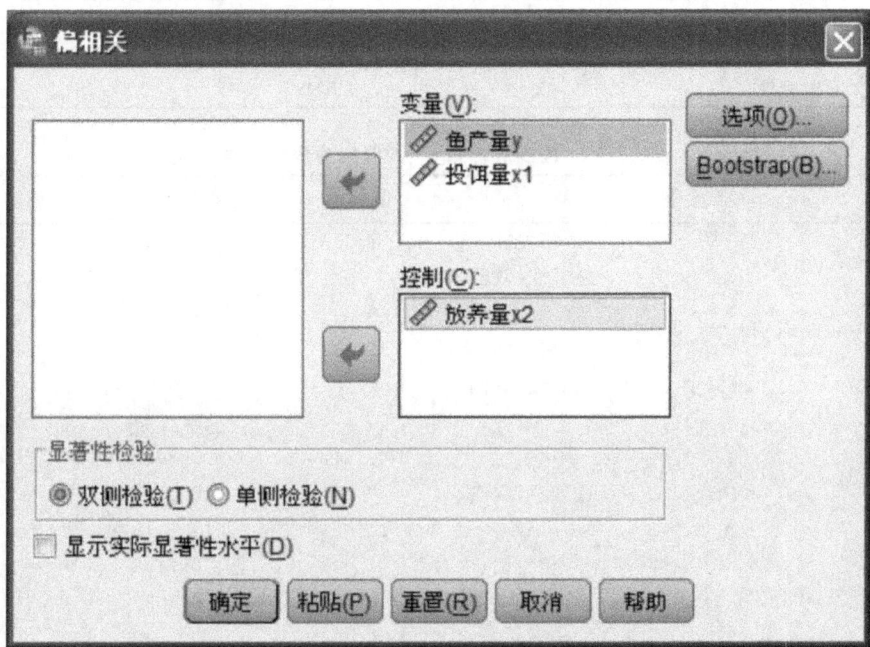

图 7-12 "偏相关分析"主对话框

"偏相关分析"主对话框下方的"显著性检验"栏用于选择双侧或单侧检验,当不清楚变量之间是正相关还是负相关时,应选择"双侧检验"(系统默认选项)。"显示实际显著性水平"栏表示:不选择此项则在相关系数显著时($P<0.05$)用"＊"号标注,极显著($P<0.01$)用"＊＊"号标注。选择该项,则只显示相关系数与相应的概率值。本例不选择该项。

②单击图 7-12 中的"选项"按钮,打开图 7-13 对话框,选中"均值和标准差"(计算各分析变量的平均值和标准差)和"零阶相关系数"(计算两两变量间的简单相关系数 r)。单击"继

续"按钮,返回图 7-12,单击"确定"按钮,输出表 7-12、表 7-13 所示结果。

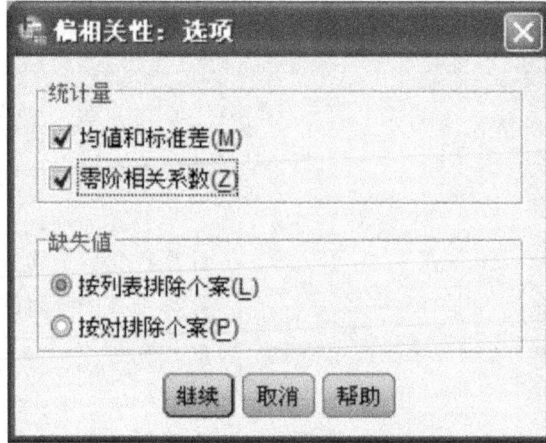

图 7-13 偏相关分析的选项设置

表 7-12 三变量的描述性指标

	均值	标准差	N
鱼产量	8.744	1.853 3	16
投饵量	9.919	2.076 6	16
放养量	2.463	0.512 3	16

表 7-13 控制放养量 x_2 的偏相关分析结果

	控制变量		鱼产量 y	投饵量 x_1	放养量 x_2
简单相关系数	鱼产量 y	相关性	1.000	0.332	0.561
		显著性(双侧)	0.0	0.209	0.024
		df	0	14	14
	投饵量 x_1	相关性	0.332	1.000	-0.394
		显著性(双侧)	0.209	0.0	0.131
		df	14	0	14
	放养量 x_2	相关性	0.561	-0.394	1.000
		显著性(双侧)	0.024	0.131	0.0
		df	14	14	0
放养量 x_2	鱼产量 y	相关性	1.000	0.727	
		显著性(双侧)	0.0	0.002	
		df	0	13	
	投饵量 x_1	相关性	0.727	1.000	
		显著性(双侧)	0.002	0.0	
		df	13	0	

a.单元格包含零阶(Pearson)相关。

③在控制投饵量 x_1 的情况下计算鱼产量 y 和放养量 x_2 的偏相关系数。重复①、②步骤,只是在"偏相关分析"主对话框中,把鱼产量 y、放养量 x_2 置入"变量"框,要控制的投饵量 x_1 置入"控制"框。此时不必在"选项"里重复计算各变量的描述性统计量和简单相关系数。如果有多个变量要控制,均同时置入"控制"框。其余操作过程相同。输出表 7-14 结果。控制鱼产

量 y 后,投饵量 x_1 与放养量 x_2 偏相关分析结果见表 7-15。表 7-16 为例 7.5 中 3 个变量的 Pearson 简单相关系数和偏相关系数的比较。

表 7-14　控制投饵量 x_1 的偏相关分析结果

控制变量		鱼产量 y	放养量 x_2
投饵量 x_1	鱼产量 y 相关性	1.000	0.798
	显著性(双侧)	0.0	0.000
	df	0	13
	放养量 x_2 相关性	0.798	1.000
	显著性(双侧)	0.000	0.0
	df	13	0

表 7-15　控制鱼产量 y 的偏相关分析结果

控制变量		放养量 x_2	投饵量 x_1
鱼产量 y	放养量 x_2 相关性	1.000	-0.743
	显著性(双侧)	0.0	0.001
	df	0	13
	投饵量 x_1 相关性	-0.743	1.000
	显著性(双侧)	0.001	0.0
	df	13	0

表 7-16　例 7.5 中 3 个变量的简单相关系数和偏相关系数的比较

简单相关系数	偏相关系数
$r_{12}=-0.394$	$r_{12 \cdot y}=-0.743^{**}$
$r_{1y}=0.332$	$r_{1y \cdot 2}=0.727^{**}$
$r_{2y}=0.561^{*}$	$r_{2y \cdot 1}=0.798^{**}$

3.结果说明

表 7-12 为三变量的均数和标准差。鱼产量 $y:\overline{x}=8.744,s=1.853\,3$,投饵量 $x_1:\overline{x}=9.919,s=2.076\,6$,放养量 $x_2:\overline{x}=2.463,s=0.512\,3$。

表 7-13 上方给出的是三个变量间的简单相关分析,可见如果单独分析,鱼产量 y 与放养量 x_2 的相关系数 $r_{2y}=0.561^{*}$,$P<0.05$,具有显著的统计学意义;而鱼产量 y 与投饵量 x_1 的相关系数 $r_{1y}=0.332,P>0.05$,不存在显著相关关系,但从表 7-13 下方给出的偏相关系数可知,当控制了放养量 x_2 影响后得出的鱼产量 y 和投饵量 x_1 的偏相关系数 $r_{1y \cdot 2}=0.727^{**}$,$P<0.01$,说明两者具有极显著的正相关关系。

同样从表 7-14 可知,当控制了投饵量 x_1 的影响后,鱼产量 y 与放养量 x_2 的偏相关系数 $r_{2y \cdot 1}=0.798^{**}$,$P<0.01$,两者相关关系达到极显著水平,而未控制前两者的相关系数 $r_{2y}=0.561^{*}$,$P<0.05$,只达到显著水平。

表 7-15 为控制鱼产量 y 的影响后投饵量 x_1 与放养量 x_2 的偏相关系数,此时 $r_{12 \cdot y}=-0.743^{**}$,$P<0.01$,两者相关关系达到极显著水平,而未控制前两者的相关系数 r_{12}

121

—0.394，$P>0.05$，未达到显著水平。

比较表 7-16 中的数据，可以看出，在涉及多个变量的相关分析中，简单相关系数与偏相关系数数据可能会相差很多，实际上有时符号也可能存在正负差异。这是因为：在多个变量的资料中，两个变量之间的简单相关系数没有消除其他变量的影响，往往混有其他变量的效应。当其他变量与它呈正相关时，便混有正效应，简单相关系数会高于偏相关系数；当其他变量与它呈负相关时，便混有负效应，简单相关系数会低于偏相关系数。因此，简单相关系数往往不能反映两个变量之间真实的线性相关关系。而偏相关系数消除了其他变量取值的影响，能排除假象，反映出两个变量间真实的相关关系。

因此，对于多变量的相关分析，如果需要考虑其中某两个变量间真实的相关关系时，必须采用偏相关分析才能得出正确的结论。

第八章　回归分析

相关分析和回归分析是研究变量之间相关关系的两种统计分析方法,但两者在应用上既有区别又有联系。相关分析研究变量之间相互依存关系的密切程度及其相关方向。回归分析是在相关分析的基础上研究具有相关关系的两个变量或多个变量之间的因果关系,其基本思想是,确定自变量与若干因变量之间关系的一个合适的数学模型,即回归方程式,并确定它们关系的密切程度,以便从一个或多个已知变量来预测另一个未知变量。

在 SPSS 19.0 中,回归分析通过"回归"过程来实现,该模块主要包括以下几个命令:自动线性建模;线性(线性回归分析);曲线估计(曲线回归分析);二元 Logistic(二元 Logistic 回归分析);多项 Logistic(多维 Logistic 回归分析);有序(有序回归分析);Probit(概率单位回归分析);非线性回归(非线性回归分析);权重估计(加权估计分析);二阶最小二乘法(二阶最小二乘回归分析);最佳尺度。

本章主要介绍在实际中应用较多的线性回归(一元线性回归、多元线性回归),曲线回归和非线性回归分析。概率单位回归分析见第十章半数效量的计算。

一、一元线性回归分析

(一)基本原理和方法

在实际应用中,最简单的回归分析就是研究两个变量之间的线性相关关系,即一元线性回归。其分析的任务是根据若干个观测值$(x_i,y_i)i=1,2,\cdots,n$找出描述两个变量 x 与 y 之间关系的线性回归方程:

$$\hat{y} = a + bx。$$

其中,把表示原因的变量称为自变量(x),表示结果的变量称为因变量(y)。$\hat{y}$ 是实测变量 y 的估计值。a 称为截距,b 为回归直线的斜率,它们又称为回归系数。

求最优线性回归方程,常用的方法是最小二乘法,也就是使该直线与各点的纵向垂直距离最小,即使实测值 y 与预测值 $\hat{y}$ 之差的平方和 $\sum (y - \hat{y})^2$ 达到最小。$\sum (y - \hat{y})^2$ 也称为剩余(残差)平方和。因此求回归方程 $\hat{y} = a + bx$ 的问题,归根结底就是求 $\sum (y - \hat{y})^2$ 取得最小值时 a 和 b 的问题。根据最小二乘法原理可解得回归系数 a、b 计算公式为:

$$b = \frac{\sum (x - \bar{x})(y - \bar{y})}{\sum (x - \bar{x})^2},$$
$$a = \bar{y} - b\bar{x}。$$

回归方程中的回归系数估计出来后,还需对其进行检验,包括两方面内容,即回归方程的显著性检验和回归系数的显著性检验。回归方程的检验是通过构建 F 统计量来进行,回归系数的检验是通过构建 t 统计量来进行的,SPSS 将会自动计算出 F、t 统计量和其对应的 P 值。

回归方程建立的过程也叫方程的拟合,虽然回归方程是根据使估计误差平方和最小的原理(最小二乘法)建立的,也就是说对每一特定的资料,所得到的回归方程都能满足使估计误差平方和最小的要求。但不同的资料所得到的回归方程的拟合程度仍然有好坏之分。因此,还需要一个指标来度量回归方程拟合的优良程度,这个指标即决定系数也称为拟合度,公式为:

$$R^2 = 1 - \frac{\sum (y_i - \hat{y}_i)^2}{\sum (y_i - \overline{y_i})^2}。$$

拟合度 R^2 的大小表示了回归方程预测可靠程度的高低,拟合度越大,说明自变量对因变量的影响也越大,用所得的回归方程进行估计或预测的效果也就越好。

(二)例题及统计分析

例 8.1 现有 10 头动物体重与饲料消耗量的数据见表 8-1,试建立饲料消耗量对体重的回归方程并对回归关系、回归系数加以检验。

表 8-1 体重与饲料消耗量测定结果

编号	1	2	3	4	5	6	7	8	9	10
体重 x	4.6	5.1	4.8	4.4	5.9	4.7	5.1	5.2	4.9	5.1
饲料消耗 y	87.1	93.1	89.8	91.4	99.5	92.1	95.5	99.3	93.4	94.4

1.数据输入

单击数据编辑器窗口底部的"变量视图"标签,进入"变量视图"窗口,分别命名两变量:"体重 x"、"饲料消耗 y",小数位依题意都定义为 1(图 8-1)。单击数据编辑器窗口底部的"数据视图"标签,进入"数据视图"窗口,按图 8-2 的格式输入数据。

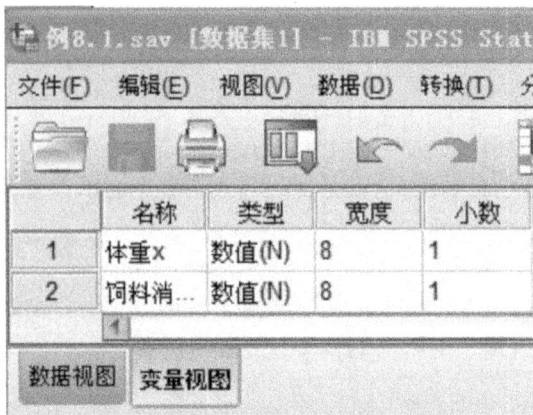

图 8-1 例 8.1 资料的变量命名

图 8-2 例 8.1 数据输入格式

2.统计分析

(1)简明分析步骤

分析→回归→线性

因变量:饲料消耗 y 　　　　　　　　　　因变量为饲料消耗 y

自变量:体重 x 　　　　　　　　　　　　自变量为体重 x

统计量:

　☑描述性 　　　　　　　　　　　　　　要求输出变量的基本统计量

　继续

确定

(2)分析过程说明

①依次单击主菜单"分析 →回归 → 线性",打开"线性回归"主对话框,如图 8-3 所示。单击箭头 ![箭头],将变量"饲料消耗 y"作为因变量置入"因变量"列表框,变量"体重 x"作为自变量置入"自变量"列表框。

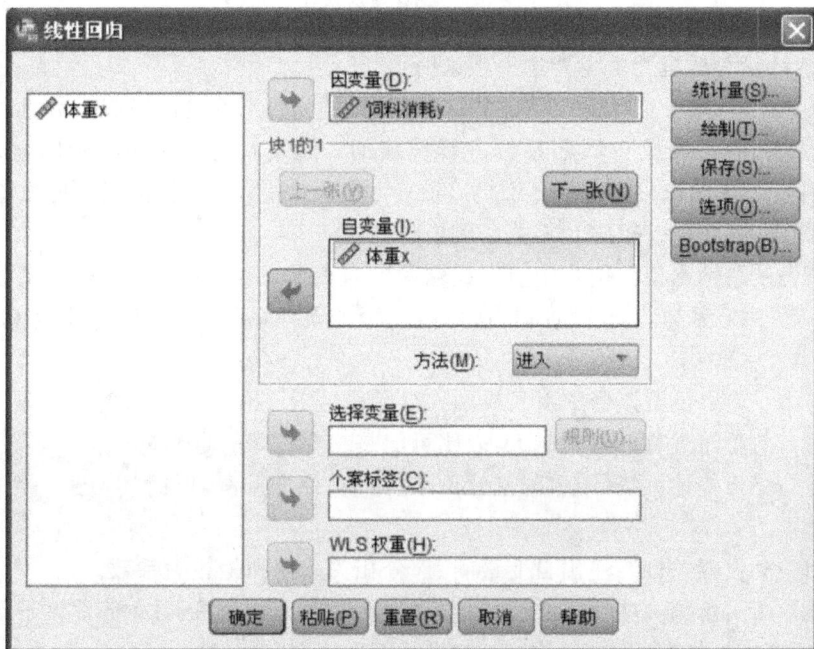

图 8-3　两变量(体重与饲料消耗量)线性回归分析对话框

②单击"统计量"按钮,打开图 8-4 所示的"线性回归:统计量"对话框,选中"描述性",要求输出两变量的有效例数、平均数、标准差及变量间的相关系数。单击"继续"按钮,返回图 8-3 所示对话框,单击"确定"按钮,输出表 8-2～表 8-6(主要结果)。

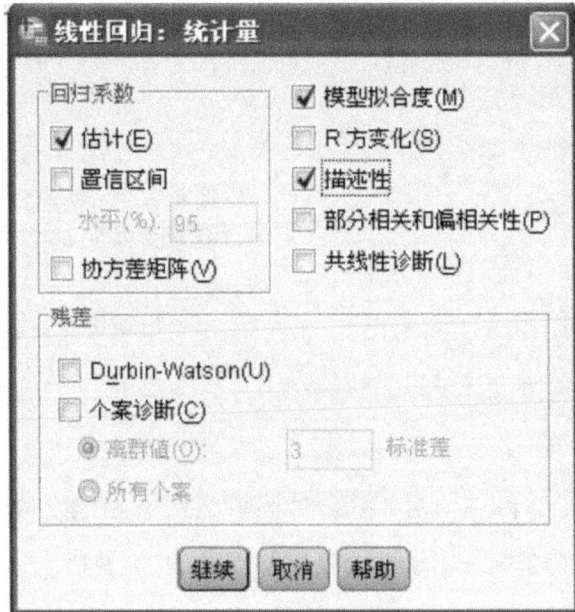

图 8-4　统计量对话框

图 8-4 统计量对话框几个主要选择项说明：

"回归系数"栏：用于选择回归系数的输出情况。"估计"可输出回归系数、回归系数的标准误、标准化的回归系数及对回归系数进行检验的 t 值及 t 值的双侧检验的显著性概率 P（Sig）；"置信区间"可输出每个回归系数的 95％（可设置 99％）的置信区间；"协方差矩阵"可输出回归系数的方差、协方差矩阵及相关系数矩阵。

"模型拟合度"：输出模型拟合中引入或剔除的自变量的统计信息，复相关系数 R，复相关系数的平方 R^2（决定系数），修正的 R^2，估计值的标准误差，回归方程显著性检验的方差分析表。

"R 方变化"：输出模型拟合中引入或剔除自变量后 R^2、F 值和 P 值的变化量。R^2 变化量越大，说明该自变量对方程的贡献越大，表明可能是一个较好的自变量。

"描述性"：输出描述性统计量，如有效例数、均数、标准差等，同时还给出一个变量间的相关矩阵。

"部分相关和偏相关性"：输出自变量间、部分相关系数和偏相关系数。

"共线性诊断"：给出一些用于共线性诊断的统计量，如特征根、方差膨胀因子等。

以上各项在默认情况下只有"估计"和"模型拟合度"栏被选中。

表 8-2　两变量基本统计指标

	均值	标准偏差	N
饲料消耗 y	93.560	3.881 6	10
体重 x	4.980	0.413 1	10

表 8-3　相关分析表

		饲料消耗 y	体重 x
Pearson 相关性	饲料消耗 y	1.000	0.818
	体重 x	0.818	1.000
Sig.（单侧）	饲料消耗 y	0.000	0.002
	体重 x	0.002	0.000
N	饲料消耗 y	10	10
	体重 x	10	10

表 8-4　回归分析的常用统计量

模型汇总	R	R 方	调整 R 方	标准估计的误差
1	0.818[a]	0.670	0.629	2.365 6

a：预测变量：（常量），体重 x。

表 8-5　回归关系的方差分析表

Anova[b]

模型		平方和	df	均方	F	Sig.
1	回归	90.836	1	90.836	16.232	0.004[a]
	残差	44.768	8	5.596		
	总计	135.604	9			

a：预测变量：（常量），体重 x。
b：因变量：饲料消耗 y。

表 8-6　回归系数及回归系数的 t 检验

系数[a]

模型		非标准化系数		标准系数 试用版	t	Sig.
		B	标准误差			
1	（常量）	55.263	9.535		5.796	0.000
	体重 x	7.690	1.909	0.818	4.029	0.004

a：因变量：饲料消耗 y。

③若需绘制两变量的散点图或线图，可单击主菜单"图形"选项，选择所需功能，具体操作参见第三章常用统计图部分。

3. 结果说明

（1）表 8-2 给出了饲料消耗平均数 $\bar{y}=93.560$，标准差 $s=3.881\ 6$；体重平均数 $\bar{x}=4.980$，标准差 $s=0.413\ 1$。

（2）由表 8-3 可见，相关系数 $r=0.818$，显著概率（Sig.）$P=0.002<0.01$，即体重和饲料消耗量之间是极显著正相关关系。

（3）表 8-4 是有关线性回归模型的参数，"R"相当于两个变量的简单相关系数 r；"R 方"即相关系数的平方值，也称为决定系数 r^2 或拟合度 R^2，其值为 0.670，表示因变量饲料消耗量的变异中有 67.0% 是由自变量体重的不同造成的；"调整 R 方"是修正的决定系数，为 0.629。"标准估计的误差"是估计值的标准误差，记为 S_{yx}。即：

$$S_{yx} = \sqrt{\sum (y - \hat{y})^2/(n-2)}。$$

S_{yx} 的大小表示了回归直线与实测点偏差的程度：S_{yx} 大，表示回归方程偏离度大，S_{yx} 小，表示回归方程偏离度小。

（4）表 8-5 为回归关系显著性检验的方差分析结果。可见 $F=16.232, P=0.004<0.01$，表明体重对饲料消耗量存在极显著的线性回归关系，所建立的回归方程是有意义的。

（5）表 8-6 为回归系数表，可见回归系数 $b=7.690$，截距（常数项）$a=55.263$，因此可建立以下回归方程：

$$\hat{y} = 55.263 + 7.690x。$$

截距的标准误差为 9.535。回归系数 b 的标准误差 S_b 为 1.909，其公式为：

$$S_b = \frac{S_{yx}}{\sqrt{\sum (x-\bar{x})^2}}。$$

表 8-6 还给出了回归系数显著性检验结果：回归系数 b 检验的统计量 t 值为 4.029，$P=0.004<0.01$，截距 a 检验的统计量 t 值为 5.796，$P=0.000<0.01$，即体重与饲料消耗量的回归系数均极显著，表明体重与饲料消耗量间存在极显著的线性关系，可用所建立的回归方程来进行预测和控制。

二、多元线性回归分析

（一）基本原理和方法

在生物学领域的许多实际问题中，常常需要研究一个因变量与多个自变量间的相关关系。比如动物的体重同时受到体长、体高、胸围等性状的影响。因此需要进行一个因变量与多个自变量之间的回归分析，即多元回归分析。多元回归也有线性和非线性之分，这里只讨论多元线性回归分析，其分析基本步骤如下。

1. 建立多元线性回归方程

设因变量 y 与自变量 $x_1, x_2, \cdots, x_m$ 有 n 组实际观测值，则多元线性回归方程的一般式为：

$$\hat{y} = b_0 + b_1 x_1 + b_2 x_2 + \cdots + b_m x_m,$$

其中 b_0 为常数项，$b_1, b_2, \cdots, b_m$ 称为偏回归系数。

2. 显著性检验

建立了多元线性回归方程后，还需对多元回归方程的各偏回归系数进行显著性检验。其检验的原理和方法与一元回归分析基本相同。

3. 建立最优多元线性回归方程

如果对显著的多元线性回归方程中各个偏回归系数进行显著性检验都为显著时，说明各个自变量对因变量的线性影响都是显著的，但经常会出现回归方程显著而有一个或几个偏回归系数不显著的情况，说明其对应的自变量对因变量的作用影响不显著，或者说这些自变量保留在回归方程中是没有意义的，此时应该从回归方程中剔除一个不显著的偏回归系数对应的自变量，重新建立多元线性回归方程，再对新的多元线性回归方程或多元线性回归关系以及各个新的偏回归系数进行显著性检验，直到多元线性回归方程显著，并且各个偏回归系数都显著为止。此时得到的多元线性回归方程即为最优多元线性回归方程。

建立最优回归方程的方法很多，常用的是逐步回归法。该方法是按一定的步骤依次将自变量代入回归方程进行检验，最后选出对因变量影响最大的自变量建立回归方程，现就 SPSS 计算方法介绍如下。

（二）例题及统计分析

例 8.2　根据下述某猪场 25 头育肥猪 4 个胴体性状的数据资料，进行瘦肉量 y 对眼肌面积（x_1）、腿肉量（x_2）、腰肉量（x_3）的多元线性回归分析。

表 8-7　某猪场 25 头育肥猪 4 个胴体性状的数据资料

序号	瘦肉量 y(kg)	眼肌面积 x_1(cm²)	腿肉量 x_2(kg)	腰肉量 x_3(kg)	序号	瘦肉量 y(kg)	眼肌面积 x_1(cm²)	腿肉量 x_2(kg)	腰肉量 x_3(kg)
1	15.02	23.73	5.49	1.21	14	15.94	23.52	5.18	1.98
2	12.62	22.34	4.32	1.35	15	14.33	21.86	4.86	1.59
3	14.86	28.84	5.04	1.92	16	15.11	28.95	5.18	1.37
4	13.98	27.67	4.72	1.49	17	13.81	24.53	4.88	1.39
5	15.91	20.83	5.35	1.56	18	15.58	27.65	5.02	1.66
6	12.47	22.27	4.27	1.50	19	15.85	27.29	5.55	1.70
7	15.80	27.57	5.25	1.85	20	15.28	29.07	5.26	1.82
8	14.32	28.01	4.62	1.51	21	16.40	32.47	5.18	1.75
9	13.76	24.79	4.42	1.46	22	15.02	29.65	5.08	1.70
10	15.18	28.96	5.30	1.66	23	15.73	22.11	4.90	1.81
11	14.20	25.77	4.87	1.64	24	14.75	22.43	4.65	1.82
12	17.07	23.17	5.80	1.90	25	14.37	20.44	5.10	1.55
13	15.40	28.57	5.22	1.66					

1. 数据输入

（1）单击数据编辑器窗口底部的"变量视图"标签，进入"变量视图"窗口，分别命名变量："y"、"x_1"、"x_2"和"x_3"。小数位依题意均为 2。为了便于输出结果的观察，可单击这些变量相应的"标签"单元格，对各自所代表的内容分别进行标记，如图 8-5 所示。

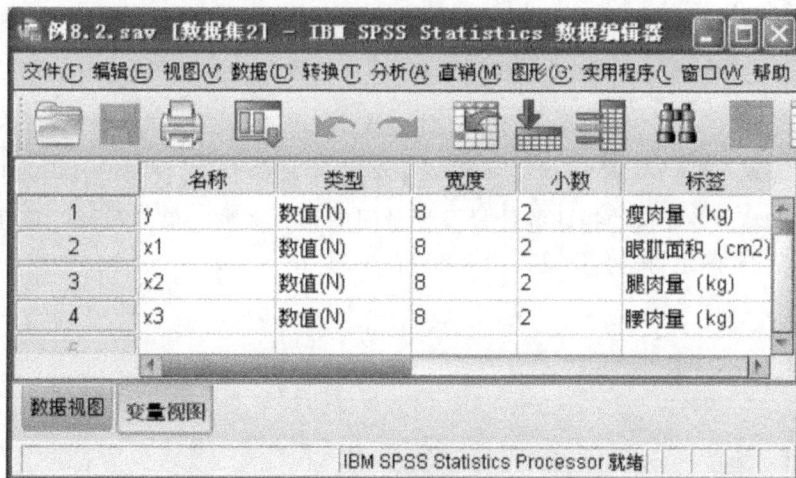

图 8-5　例 8.2 资料的变量命名

(2)单击数据编辑器窗口底部的"数据视图"标签,进入"数据视图"窗口,按图 8-6 所示的格式输入数据。

	y	x1	x2	x3
1	15.02	23.73	5.49	1.21
2	12.62	22.34	4.32	1.35
3	14.86	28.84	5.04	1.92
4	13.98	27.67	4.72	1.49
5	15.91	20.83	5.35	1.56
6	12.47	22.27	4.27	1.50
7	15.80	27.57	5.25	1.85
8	14.32	28.01	4.62	1.51
9	13.76	24.79	4.42	1.46
10	15.18	28.96	5.30	1.66
11	14.20	25.77	4.87	1.64
12	17.07	23.17	5.80	1.90
13	15.40	28.57	5.22	1.66
14	15.94	23.52	5.18	1.98
15	14.33	21.86	4.86	1.59
16	15.11	28.95	5.18	1.37
17	13.81	24.53	4.88	1.39
18	15.58	27.65	5.02	1.66
19	15.85	27.29	5.55	1.70
20	15.28	29.07	5.26	1.82
21	16.40	32.47	5.18	1.75
22	15.02	29.65	5.08	1.70
23	15.73	22.11	4.90	1.81
24	14.75	22.43	4.65	1.82
25	14.37	20.44	5.10	1.55

图 8-6 例 8.2 数据输入格式

2.统计分析

(1)简明分析步骤

```
分析→回归→线性
因变量:y                      因变量为 y
自变量:x₁、x₂、x₃              自变量为 x₁、x₂、x₃
方法:逐步                     该组变量进入方式为逐步法
统计量:
  ☑描述性                    要求输出变量的基本统计量
  继续
确定
```

(2)分析过程说明

依次单击主菜单"分析→回归→线性",打开"线性回归"主对话框,如图 8-7 所示,单击箭头 ，将因变量"y"置入"因变量"框内,将自变量 x_1、x_2、x_3 均置入"自变量"框内,同时在"方法"下拉框中选择"逐步"。单击"统计量"按钮,打开"线性回归:统计量"对话框(图 8-4),选中"描述性",要求输出各变量的描述统计量及变量间的相关系数。单击"继续"按钮,返回图8-7所示对话框,单击"确定"按钮,则输出表 8-8～表 8-14。

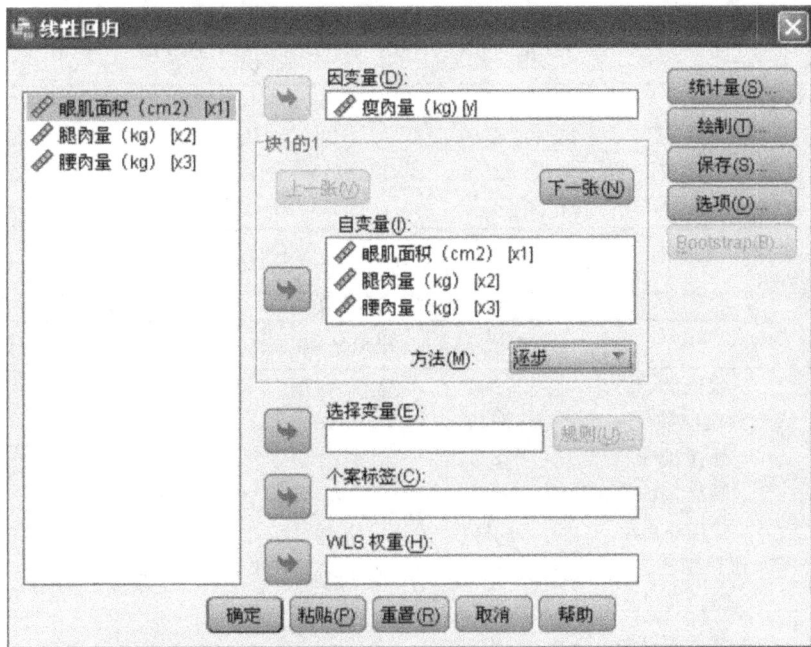

图 8-7　瘦肉量与有关变量多元回归分析对话框

图 8-7 对话框"方法"下拉列表选择框说明：

进入：强行进入法，把自变量全部放入回归方程中，不管变量在模型中的作用是否显著。当对反映研究对象特征的变量认识比较全面时可以选择此法（系统默认选项）。

逐步：逐步法，首先将作用最显著的变量引进模型，在此基础上引进对模型作用最显著的第二个变量，引进变量后立即对原来引进的变量进行显著性检验，及时剔除不显著的变量，然后再考虑引进新变量，依次重复，直至既不能再引进变量又不能从模型中剔除变量为止，最后得到最优回归方程。

删除：消去法，建立回归方程时，根据设定的条件剔除部分自变量。

向前：向前引进变量法，根据一定的判据，先引进作用最显著的一个变量，然后在余下变量中再引进作用最显著的变量，依次重复，直到没有显著变量引进为止，即变量只进不出。

向后：向后剔除变量法，此法与向前引进变量法完全相反，它是把所有的用户指定的 m 个变量建立一个全模型，然后根据各变量的显著性，将最不显著的变量剔除出模型，建立依变量 y 与剩下的 $m-1$ 个变量的回归方程，依次重复，直到模型中的每一个变量的作用都显著时为止，即变量只出不进。

以上几种方法中，强行进入法虽然简单，但看不出变量之间的内在关系，不利于进一步研究和探讨。消去法的设定条件带有一定的主观性。向前引进变量法计算量虽少，但由于变量之间可能有相关关系，计算初期引入的变量当时是显著的，但随着其他变量的引入，就有可能使初期引入的变量由显著变为不显著，因此用此法得到的模型未必最佳。同样向后剔除变量法也可能由于变量之间的相关关系，当被剔除的变量较多时，可能使本来显著的变量也被剔除掉。逐步法是向前引进变量法和向后剔除变量法的综合运用，它既吸收了这两种方法的优点，又克服了它们的不足，是一种较常用的选模方法。

表 8-8　各变量描述性统计量

	均值	标准偏差	N
瘦肉量(kg)	14.910 4	1.087 07	25
眼肌面积(cm²)	25.699 6	3.298 52	25
腿肉量(kg)	5.020 4	0.377 31	25
腰肉量(kg)	1.634 0	0.197 04	25

表 8-9　相关分析表

		瘦肉量(kg)	眼肌面积(cm²)	腿肉量(kg)	腰肉量(kg)
Pearson 相关性	瘦肉量(kg)	1.000	0.279	0.851	0.606
	眼肌面积(cm²)	0.279	1.000	0.220	0.183
	腿肉量(kg)	0.851	0.220	1.000	0.340
	腰肉量(kg)	0.606	0.183	0.340	1.000
Sig.(单侧)	瘦肉量(kg)		0.088	0.000	0.001
	眼肌面积(cm²)	0.088		0.146	0.190
	腿肉量(kg)	0.000	0.146		0.048
	腰肉量(kg)	0.001	0.190	0.048	
N	瘦肉量(kg)	25	25	25	25
	眼肌面积(cm²)	25	25	25	25
	腿肉量(kg)	25	25	25	25
	腰肉量(kg)	25	25	25	25

表 8-10　引进回归方程的自变量的步骤

输入/移去的变量[a]

模型	输入的变量	移去的变量	方法
1	腿肉量(kg)	0.000	步进(准则:F-to-enter 的概率≤=0.050,F-to-remove 的概率≥=0.100)。
2	腰肉量(kg)	0.000	步进(准则:F-to-enter 的概率≤=0.050,F-to-remove 的概率≥=0.100)。

a:因变量:瘦肉量(kg)。

表 8-11　模型摘要表

模型	R	R 方	调整 R 方	标准估计的误差
1	0.851[a]	0.725	0.713	0.582 37
2	0.916[b]	0.838	0.824	0.456 36

a:预测变量:(常量),腿肉量(kg)。
b:预测变量:(常量),腿肉量(kg),腰肉量(kg)。

表 8-12　方差分析表

Anova[c]

模型		平方和	df	均方	F	Sig.
2	回归	20.561	1	20.561	60.624	0.000[a]
	残差	7.800	23	0.339		
	总计	28.361	24			

续表

模型		平方和	df	均方	F	Sig.
	回归	23.779	2	11.890	57.089	0.000[b]
2	残差	4.582	22	0.208		
	总计	28.361	24			

a:预测变量:(常量),腿肉量(kg)。
b:预测变量:(常量),腿肉量(kg),腰肉量(kg)。
c:因变量:瘦肉量(kg)。

表 8-13　偏回归系数及其 t 检验

系数[a]

模型		非标准化系数		标准系数 试用版	t	Sig.
		B	标准误差			
1	(常量)	2.595	1.586		1.636	0.115
	腿肉量(kg)	2.453	0.315	0.851	7.786	0.000
2	(常量)	1.128	1.298		0.870	0.394
	腿肉量(kg)	2.102	0.263	0.730	8.006	0.000
	腰肉量(kg)	1.976	0.503	0.358	3.931	0.001

a:因变量:瘦肉量(kg)。

表 8-14　剔除变量情况

已排除的变量[c]

模型		BetaIn	t	Sig.	偏相关	共线性统计量容差
1	眼肌面积(cm^2)	0.097[a]	0.858	0.400	0.180	0.952
	腰肉量(kg)	0.358[a]	3.931	0.001	0.642	0.884
2	眼肌面积(cm^2)	0.057[b]	0.632	0.534	0.137	0.938

a:模型中的预测变量:(常量),腿肉量(kg)。
b:模型中的预测变量:(常量),腿肉量(kg),腰肉量(kg)。
c:因变量:瘦肉量(kg)。

3.结果说明

(1)表 8-8 为描述性统计量,给出了各变量的平均值 $\bar{x}$,标准差 s 和观测值个数 n。

(2)表 8-9 为各变量相关分析结果。给出了各变量的两两相关系数及其相对应的显著概率值。

(3)表 8-10 表明整个逐步回归过程中引进变量和剔除变量的情况。表中第一列"模型"表示过程的次序,第二列"输入的变量"表示引进的变量,第三列"移去的变量"表示剔除的变量,第四列"方法"说明引进变量或剔除变量的标准。表中显示第一次引进的变量是腿肉量 x_2,建立了模型 1,第二次引进的变量是腰肉量 x_3,建立了模型 2,引进的变量没有被剔除,所以模型 2 中包含两个变量:腿肉量和腰肉量。

(4)表 8-11 说明对回归方程影响最大的变量依次引入回归方程后,复相关系数(R)的变化。复相关系数(R)表示自变量与因变量的密切程度。"标准估计的误差"表示自变量的影响因素被扣除后,因变量本身的变异(误差)。由表 8-11 可见,当"腿肉量 x_2"被引入回归方程时,其复相关系数 R 为 0.851,估计标准误差为 0.582 37,当"腰肉量 x_3"被引入回归方程时,其 R 值为 0.916,估计标准误差为 0.456 36,可见自变量被依次引入回归方程后,其复相关系数(R)逐渐变大,估计标准误差逐渐变小。

(5)表 8-12 给出了回归过程中每一步引入影响最大的变量后,回归关系显著性检验的方差分析结果。在模型 1,变量"腿肉量 x_2"引入回归方程后,$F=60.624$,$P(\text{sig.})\approx 0$,$P<0.01$;在模型 2,变量"腿肉量 x_2"和"腰肉量 x_3"引入回归方程后,$F=57.089$,$P(\text{sig.})\approx 0<0.01$,表明两个模型的回归关系的检验均具有非常高的显著性。

(6)表 8-13 给出了两个模型的偏回归系数及相应的 t 检验结果。由表 8-13 可知,第一次引入变量是"腿肉量 x_2",所得的第一回归方程为

$$y = 2.595 + 2.453x_2 。$$

第二次引入变量是"腰肉量 x_3",所得第二回归方程为

$$y = 1.128 + 2.102x_2 + 1.976x_3 。$$

经 t 检验,腿肉量和腰肉量的 P 值分别为 0.000,0.001,均小于 0.01,它们的回归检验均具有非常高的显著性。表 8-12 还列出各变量的偏回归系数的标准误差、标准系数(标准化回归系数)。

(7)表 8-14 给出了已排除变量的统计信息。由表可见,在模型 1 中腰肉量 x_3 的 $t=3.931$,$P=0.001<0.01$,故腰肉量 x_3 被引入方程;没有引入方程的变量"眼肌面积 x_1"在模型 1 和模型 2 中其 P 值(Sig.)分别为 0.400 和 0.534 均大于 0.05,无显著统计学意义,故为不重要变量。

综上所述,可以认为,模型 2 的回归方程 $y = 1.128 + 2.102x_2 + 1.976x_3$ 是最优的回归模型。

三、曲线回归分析

(一)基本原理和方法

在实际生产中,因变量 y 与自变量 x 间的相关关系并非一定是线性关系,更多的是各种各样的曲线关系,例如细菌的繁殖速率与温度关系、畜禽在生长发育过程中各种生理指标与年龄的关系、鱼的体长与体重关系、药物的致死浓度与致死率的关系、作物的施肥量和产量的关系、光照强度和光合作用效率的关系,等等。在许多情况下,曲线回归可以通过变量转换化成线性形式来解决。

曲线回归分析的基本过程是:先通过变量替换的方法把不满足线性关系的数据转换为符合线性回归模型的数据,再利用线性回归分析方法建立线性回归方程并进行显著性检验,然后再转换成曲线回归方程。

SPSS 的曲线估计模块能够自动拟合两个变量的包括线性模型、对数曲线模型、反函数曲线模型和指数曲线模型在内的 11 种曲线模型,并输出各模型的回归系数,拟合度 R^2、拟合效果图和方差分析表等。因而,可以利用 SPSS 在众多的回归模型中选出最佳模型。SPSS 的曲线估计的 11 种模型如下:

(1)线性方程: $\qquad y = b_0 + b_1 x$

(2)对数曲线方程: $\qquad y = b_0 + b_1(\ln x)$

(3)逆函数曲线方程: $\qquad y = b_0 + (b_1/x)$

(4)二次曲线方程: $\qquad y = b_0 + b_1 x + b_2 x^2$

(5)三次曲线方程: $\qquad y = b_0 + b_1 x + b_2 x^2 + b_3 x^3$

(6)复合曲线方程: $\qquad y = b_0 \cdot (b_1)^x$

(7)幂函数曲线方程: $\qquad y = b_0 x^{b_1}$

(8) S 曲线方程：$\qquad y = e^{(b_0 + b_1)/x}$

(9)增长曲线方程：$\qquad y = e^{(b_0 + b_1) \cdot x}$

(10)指数曲线方程：$\qquad y = b_0 e^{b_1 x}$

(11) Logistic 曲线方程：$\qquad y = 1/(1/u + b_0 \cdot (b_1)^x)$

(二)例题及统计分析

例 8.3　测定了 8 尾雌性鲟鱼的体长(cm)和体重(kg)，结果如表 8-15 所示。试对鲟鱼体重与体长进行回归分析。

表 8-15　鲟鱼体长与体重数据表

序　号	1	2	3	4	5	6	7	8
体长 x	70.70	98.25	112.57	122.48	138.46	148.00	152.00	162.00
体重 y	1.00	4.85	6.59	9.01	12.34	15.50	21.25	22.11

1.数据输入

(1)单击数据编辑器窗口底部的"变量视图"标签，进入"变量视图"窗口，分别命名两变量："体长 x"、"体重 y"，小数位依题意都定义为 2。

(2)单击数据编辑器窗口底部的"数据视图"标签，进入"数据视图"窗口，按图 8-8 的格式输入数据。

	体长x	体重y
1	70.70	1.00
2	98.25	4.85
3	112.57	6.59
4	122.48	9.01
5	138.46	12.34
6	148.00	15.50
7	152.00	21.25
8	162.00	22.10

图 8-8　例 8.3 数据输入格式

2.统计分析

(1)简明分析步骤

```
分析→回归→曲线估计
因变量:体重 y                          因变量为体重 y
自变量:体长 x                          自变量为体长 x
模型
  选择所需的曲线方程
确定
```

（2）分析过程说明

依次单击主菜单"分析 →回归→曲线估计"，打开"曲线估计"主对话框，如图 8-9 所示。单击箭头 ⬅ ，将因变量"体重 y"置入"因变量"框内，将自变量"体长 x"置入"自变量"框内，并在"模型"栏中选择所需的曲线方程（本例因无法确定体重 y 与体长 x 的曲线拟合适用哪一种曲线方程，故选中了 10 种曲线方程，未选中的 Logistic 方程为生长曲线模型，在此模块中功能有限，建议用非线性回归模块分析，详见下节）。然后单击"确定"按钮，输出结果见表 8-16。当确定了最优回归方程后，在"模型"中可只勾选确定的曲线模型，此时可输出此模型的曲线拟合图（图 8-10）。

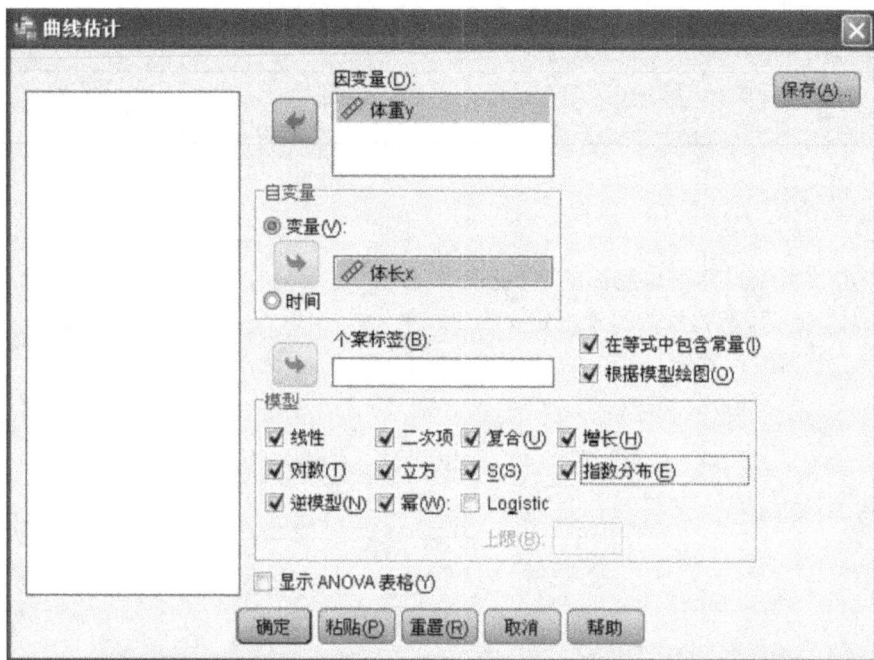

图 8-9 "曲线估计"主对话框

图 8-9"曲线估计"主对话框几个选择项说明：

"自变量"栏：用于确定自变量的类型。"变量"选项表示自变量为普通变量（系统默认选项）；"时间"选项表示选择的自变量为时间序列变量。

"个案标签"栏：图形显示的变量标签。选入变量的标签将作为散点图中点的标识。

"显示 ANOVA 表格"复选框：勾选后将输出选定曲线模型检验的方差分析表。

"在等式中包含常量"：表示在回归方程中包含常数项（系统默认选项）。

"根据模型绘图"：表示将绘制曲线拟合图（系统默认选项），将显示所选模型的连续曲线与观测值的散点图。

"保存"栏：主要用于保存因变量的预测值、残差值、预测区间的上下限等。

表 8-16　拟合曲线的参数

因变量:体重 y

方程	模型汇总					参数估计值			
	R 方	F	$\mathrm{d}f_1$	$\mathrm{d}f_2$	Sig.	常数	b_1	b_2	b_3
线性	0.914	63.423	1	6	0.000	-18.221	0.237		
对数	0.847	33.100	1	6	0.001	-110.782	25.481		
倒数	0.759	18.868	1	6	0.005	33.063	$-2\,523.610$		
二次	0.969	78.193	2	5	0.000	9.416	-0.266	0.002	
三次	0.970	81.565	2	5	0.000	0.216	0.000	0.000	7.083E-6
复合	0.950	114.098	1	6	0.000	0.149	1.033		
幂	0.984	366.517	1	6	0.000	2.071E-7	3.649		
S	0.989	546.101	1	6	0.000	5.392	-382.771		
增长	0.950	114.098	1	6	0.000	-1.903	0.032		
指数	0.950	114.098	1	6	0.000	0.149	0.032		

自变量为体长 x。

3.结果说明

表 8-16 列出所选择的 10 种曲线方程的回归系数 b_0(常数项)、b_1、b_2、b_3,拟合度 R^2(R 方),自由度($\mathrm{d}f$),回归方程显著性检验的 F 值,显著性概率(sig.)。

10 种曲线拟合结果为:

(1)线性方程:　　　　　　　　　　$y = -18.221 + 0.237\,3x$

(2)对数曲线方程:　　　　　　　　$y = -110.782 + 25.481\,0\ln x$

(3)逆函数曲线方程:　　　　　　　$y = 33.062\,6 + (-2\,523.610/x)$

(4)二次曲线方程:　　　　　　　　$y = 9.415\,8 - 0.265\,8x + 0.002\,1x^2$

(5)三次曲线方程:　　　　　　　　$y = 0.215\,7 + 0.000x - 0.000\,3x^2 + 7.08 \times 10^{-6}x^3$

(6)复合曲线方程:　　　　　　　　$y = 0.149\,1(1.032\,7)^x$

(7)幂函数曲线方程:　　　　　　　$y = 2.07 \times 10^7 x^{3.649\,2}$

(8)S 曲线方程:　　　　　　　　　$y = \mathrm{e}^{(5.392\,0 - 382.771)/x}$

(9)生长曲线方程:　　　　　　　　$y = \mathrm{e}^{(-1.903\,4 + 0.032\,2) \cdot x}$

(10)指数曲线方程:　　　　　　　$y = 0.149\,1\mathrm{e}^{0.032\,2x}$

从表 8-16 可见,10 个曲线模型的 F 检验的 P(Sig.)值都远小于 0.01,说明模型成立的统计学意义都非常显著,这可能与样本含量太少有关。拟合度 R^2(R 方)的大小表示了回归曲线方程估测的可靠程度的高低,本例拟合度 R^2 最大的是 S 曲线方程 $R^2 = 0.989$,故相对而言 S 曲线方程为描述体重与体长关系的最优方程。

图 8-10 是 S 曲线方程的拟合效果图。

四、生长曲线方程的拟合

在生物生长过程中,初始阶段的生物量增长较缓慢,继之速度加快进入快速期,而后又转入缓慢期,直至停止生长,呈"S"型,称为生长曲线,它广泛应用于描述动植物的生长过程。生长曲线属于非线性回归,即为曲线型的回归分析。一些常用曲线模型可以直接使用前述的"曲

体重y

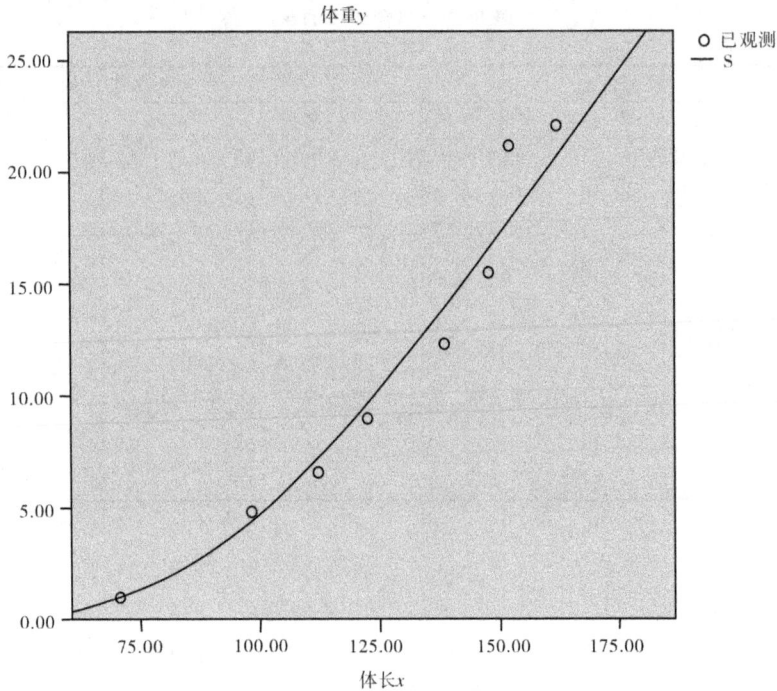

图 8-10　体重和体长的 S 型曲线的拟合效果图

线估计"过程进行拟合。但是,"曲线估计"过程只能进行 11 个简单的曲线拟合,而且只能有一个自变量,更复杂的模型无法拟合。对此,SPSS 提供了"非线性回归"过程,采用迭代方法对用户根据实际需要建立的各种复杂的非线性曲线模型进行拟合。在生物研究中,一些常用的生长曲线模型的拟合即可借助"非线性回归"过程完成。

Logistic、Gompertz 和 Von Bertalanffy 为 3 个常用的描述动物生长过程的非线性生长曲线方程,表 8-17 列出了各生长模型,可对 3 种模型求一阶和二阶导数得到相应的生长速度模型和生长加速度模型。据此可求得各种模型的理论拐点体重、拐点日龄、最大日增重及生长速度等生长参数。3 种曲线方程中待定参数 A 为极限生长量(终极生长量或成熟体重),k 为瞬时相对生长率,B 为常数尺度。

表 8-17　3 种常用动物生长曲线模型

名称	模型	拐点体重(W)	拐点日龄	最大日增重	相对生长率
Logi.	$y=A/(1+B\,e^{-kt})$	$A/2$	$(\ln B)/k$	$kw/2$	$k(1-w_i/A)$
Gomp.	$y=Ae^{-B\,e^{-kt}}$	A/e	$(\ln B)/k$	kw	$k(\ln A-\ln w_i)$
Bert.	$y=A(1-B\,e^{-kt})^3$	$8A/27$	$(\ln 3B)/k$	$3kw/2$	$3k((A/w_i)^{1/3}-1)$

例 8.4　测定了 30 头某品种猪的 0~6 月龄的各月龄体重(kg),计算得月平均体重,结果如表 8-18 所示。试拟合其生长曲线方程。

表 8-18　各月龄体重数据表

月龄	0	1	2	3	4	5	6
体重	1.2	8.3	20.5	42.4	60.3	86.2	99.5

　　由于猪的生长过程呈"S"型曲线,故可以选择 Logistic、Gompertz 或 Von Bertalanffy 曲线方程拟合其生长过程,从中选出最适宜的生长模型。

(一)Logistic 曲线方程的拟合

1.数据输入

　　(1)单击数据编辑器窗口底部的"变量视图"标签,进入"变量视图"窗口,分别命名两变量:"月龄"、"体重",小数位依题意分别定义为 0 和 1(图 8-11)。

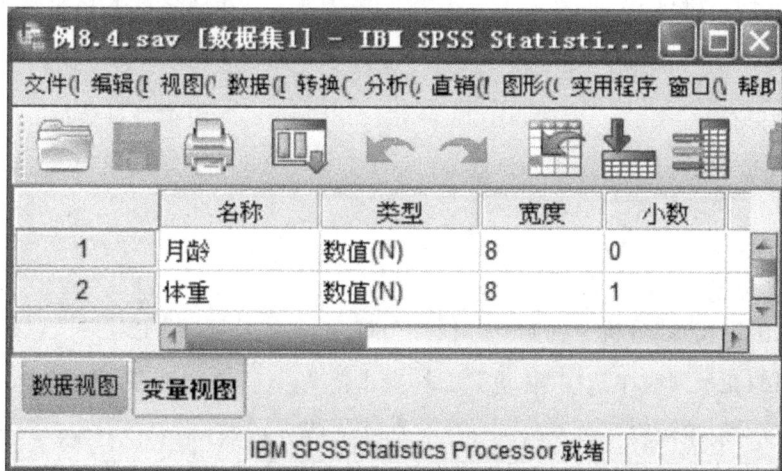

图 8-11　例 8.4 资料的变量命名

　　(2)单击数据编辑器窗口底部的"数据视图"标签,进入"数据视图"窗口,按图 8-12 的格式输入数据。

	月龄	体重
1	0	1.2
2	1	8.3
3	2	20.5
4	3	42.4
5	4	60.3
6	5	86.2
7	6	99.5

图 8-12　例 8.4 数据输入格式

2.统计分析

(1)简明分析步骤

分析→回归→非线性

因变量:体重	因变量为体重
模型表达式:$A/(1+B*\exp(-k*月龄))$	键入 Logistic 方程表达式
参数:	
名称:A 初始值:100 添加	定义参数 A 初始值为100
名称:B 初始值:1 添加	定义参数 B 初始值为1
名称:k 初始值:1 添加	定义参数 k 初始值为1
继续	
保存:	
☑预测值	要求保存预测值
☑残差	要求保存残差
继续	
确定	

(2)分析过程说明

①依次单击主菜单"分析→回归→非线性",打开"非线性回归"主对话框,如图 8-13 所示。从对话框左侧的变量列表中选中"体重"变量,单击箭头 [→] ,将因变量"体重"置入"因变量"框内,在"模型表达式"编辑框写入 Logistic 生长曲线方程表达式:$A/(1+B*\exp(-k*月龄))$,式中 A、B 和 k 为待定参数(估计方程中常数项和各系数项进行迭代运算的起始值),月龄为自变量,由对话框左侧的变量列表选入曲线方程表达式的相应位置,EXP 是自然对数底数 e 的指数函数。可利用图 8-13 对话框下方的软键盘和函数组框提供的函数输入方程表达式,加、减、乘、除等运算符号需严格输入。

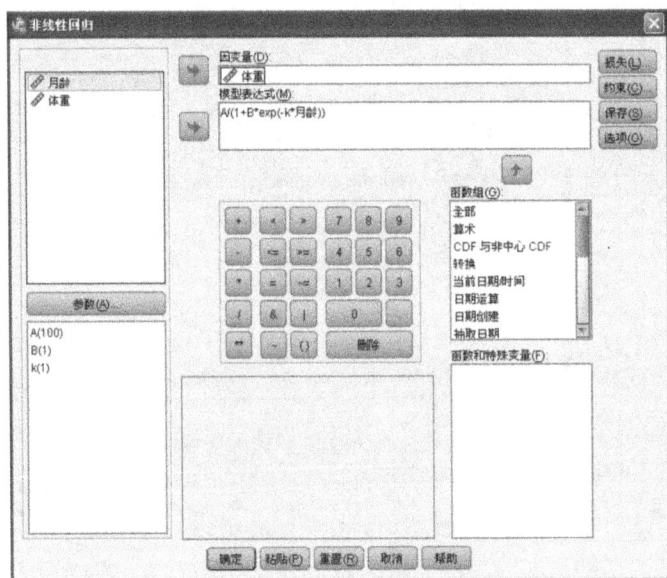

图 8-13　"非线性回归"主对话框(Logistic 模型)

②确定 A、B 和 k 参数的初始值。在复杂的非线性回归模型中,初始值的设定对分析结果的影响非常大,有时需要反复修正才能找到合适的数值。常用的设定方法是给初始值赋值时,最好与其实际值大致相当,以保证模型迭代运算正常,收敛迅速。Logistic 生长曲线中参数 A 为终极生长量,可选择距离最大观察值不远的渐近线,本例最大体重为 99.5,故取 $A=100$,然后用开始的两对观察值 $t_1=0, y_1=1.2, t_2=1, y_2=8.3, A=100$ 代入 Logistic 曲线方程,求解得 $B=82.33, k=2.01$ 作为初始赋值。由于 Logistic 等生长曲线的模型比较简单,参数 A、B 和 k 的初始值较易确定,即使取值不够精确,也只影响迭代的步数和时间,通过迭代都可以最终到达正确的取值,故为了简便,本例直接取 $A=100, B=1, k=1$ 为初始值,拟合结果与取 $A=100, B=82.33, k=2.01$ 为初始值是一致的。

③输入初始值 $A=100, B=1, k=1$。单击"非线性回归"主对话框(图 8-13)的"参数"按钮,打开"非线性回归:参数"对话框(图 8-14),该对话框用于设置参数的初始值。在"名称"处输入参数的名称(此处的名称应和方程表达式中的名称一致),在"初始值"处输入相应的初始值,每输完一个待定参数,即点击"添加"钮加以确定。如有输入错误或若在后面的运算中出错,可先点击需修改项参数,再用"更改"或"删除"按钮修改或去除。当所有的待定参数均输入正确后点击"继续"按钮返回"非线性回归"对话框(图 8-13)。单击"保存"按钮,打开图 8-15 所示的"非线性回归:保存新变量"对话框。选择"预测值",则会使用变量名"PRED_"来保存预测值;选择"残差",则会使用变量名"RESID"来保存残差,结果为图 8-16 所示。单击"继续"按钮,返回主对话框,单击"确定"按钮,则输出模型迭代过程(表 8-19),Logistic 曲线模型中 A、B 和 k 参数的估计值、各参数的标准误及参数 95% 置信区间的上、下限(表 8-20),各参数估计值的相关矩阵(表略),模型显著性检验的方差分析结果和模型的拟合度 R^2(表 8-21)。

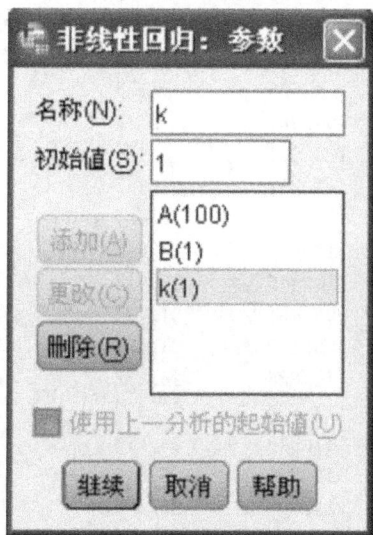

图 8-14 待定参数赋值对话框

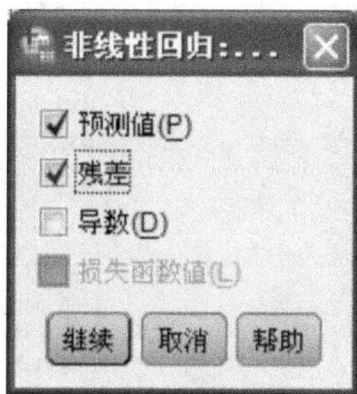

图 8-15 保存新变量对话框

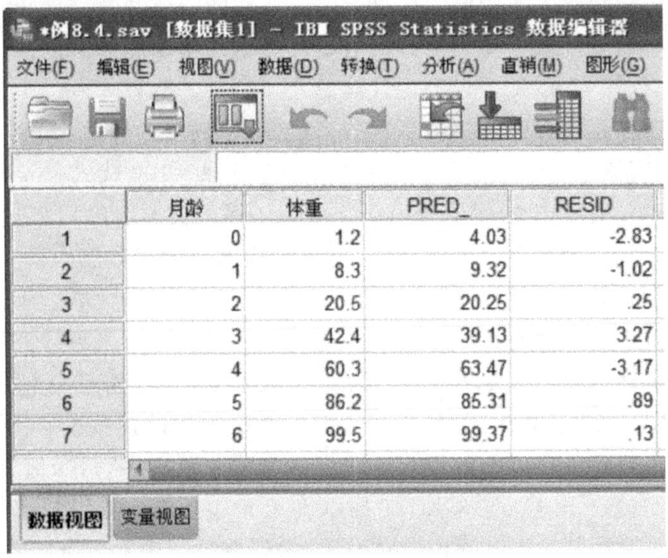

图 8-16　保存的预测值和残差

表 8-19　模型迭代过程

迭代数[a]	残差平方和	参数		
		A	B	k
1.0	15 551.156	100.000	1.000	1.000
1.1	23 290.473	90.124	2.529	-0.963
1.2	4 423.098	92.385	1.582	0.347
2.0	4 423.098	92.385	1.582	0.347
2.1	2 141.362	94.626	3.475	0.568
3.0	2 141.362	94.626	3.475	0.568
3.1	1 108.793	100.961	5.484	0.558
4.0	1 108.793	100.961	5.484	0.558
4.1	467.920	111.217	9.487	0.675
5.0	467.920	111.217	9.487	0.675
5.1	163.151	119.415	13.647	0.688
6.0	163.151	119.415	13.647	0.688
6.1	65.375	109.469	21.730	0.878
7.0	65.375	109.469	21.730	0.878
7.1	31.491	111.826	26.322	0.891
8.0	31.491	111.826	26.322	0.891
8.1	30.700	112.240	26.873	0.889
9.0	30.700	112.240	26.873	0.889
9.1	30.699	112.308	26.852	0.888
10.0	30.699	112.308	26.852	0.888
10.1	30.699	112.307	26.855	0.888
11.0	30.699	112.307	26.855	0.888
11.1	30.699	112.308	26.855	0.888

导数是通过数字计算的。

a. 主迭代数在小数左侧显示,次迭代数在小数右侧显示。

b. 由于连续残差平方和之间的相对减少量最多为 SSCON=1.00E−008,因此在 23 模型评估和 11 导数评估之后,系统停止运行。

表 8-20　Logistic 生长曲线模型参数估计值

参数	估计	标准误	95%置信区间	
			下限	上限
A	112.308	6.547	94.131	130.484
B	26.855	5.822	10.689	43.021
k	0.888	0.087	0.647	1.130

表 8-21　模型显著性检验的方差分析表

ANOVA[a]

源	平方和	df	均方
回归	23 224.421	3	7 741.474
残差	30.699	4	7.675
未更正的总计	23 255.120	7	
已更正的总计	8 772.469	6	

因变量:体重;

a:R 方=1-(残差平方和)/(已更正的平方和)=0.997。

3.结果说明

(1)表 8-19 列出了模型迭代过程的记录,可见经 11 次迭代运算后,模型达到收敛标准,得到最优解。

(2)表 8-20 为 Logistic 生长曲线模型参数的估计值,各参数的标准误及参数 95%置信区间的上、下限。可见 Logistic 模型中 A、B 和 k 分别为 112.308、26.855 和 0.888,将 A、B、k 值代入方程,得 Logistic 曲线方程:

$$y = 112.308/(1 + 26.855e^{-0.888t})。$$

(3)表 8-21 为 Logistic 曲线模型的显著性检验的方差分析结果,此处只给出了各变异来源的平方和、均方和自由度。若需要可自行计算 F 值,因为是非线性回归分析,它们只有参考意义。表下方给出了模型的拟合度 R^2=0.997,可见拟合优度达到了非常令人满意的程度。

(4)图 8-16 为保存在数据编辑窗模型的预测值和残差。

(二)Gompertz 和 Von Bertalanffy 曲线方程的拟合

1.统计分析

Gompertz 和 Von Bertalanffy 生长曲线方程的拟合过程与 Logistic 曲线方程相同,只是在"非线性回归"主对话框的"模型表达式"处写入的曲线方程表达式不同。Gompertz 曲线方程的表达式为:$A*\exp((-B)*\exp(-k*月龄))$,如图 8-17 所示;Von Bertalanffy 曲线方程的表达式为:$A*(1-B*\exp(-k*月龄))**3$,如图 8-18 所示。代入的两方程参数 A、B、k 的初始值与 Logistic 曲线方程相同。输出的主要拟合结果见表 8-22,表 8-23。

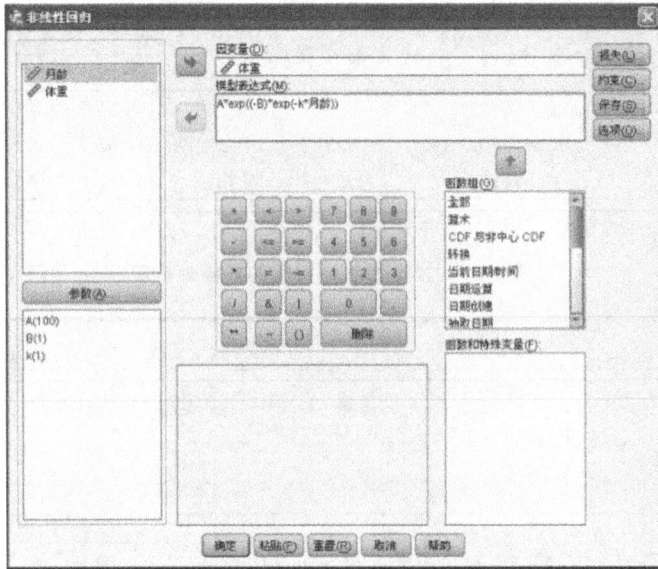

图 8-17　非线性回归分析对话框(Gompertz 模型)

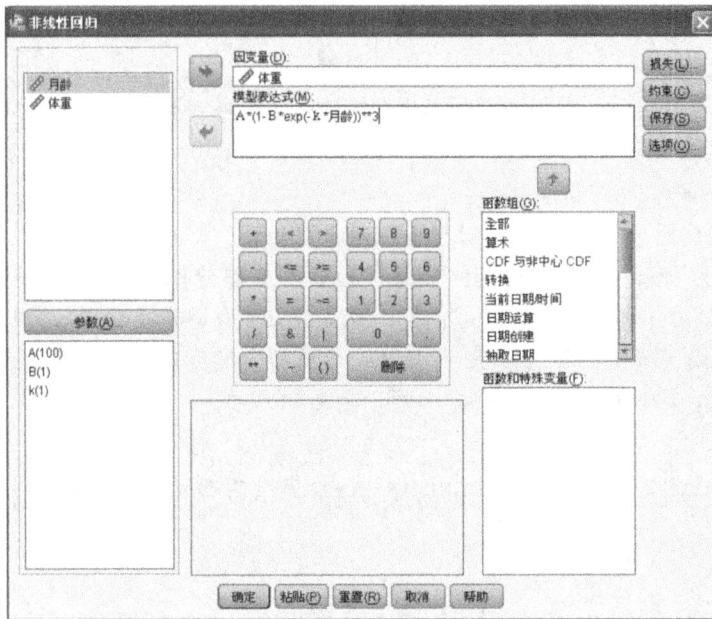

图 8-18　非线性回归分析对话框(Von Bertalanffy 模型)

表 8-22　Gompertz 生长曲线模型参数估计值

参数	估计	标准误	95% 置信区间	
			下限	上限
A	141.763	13.146	105.263	178.262
B	4.471	0.370	3.443	5.499
k	0.427	0.050	0.288	0.566

R 方=1-(残差平方和)/(已更正的平方和)=0.998。

表 8-23　　Von Bertalanffy 生长曲线模型参数估计值

参数	估计	标准误	95％置信区间	
			下限	上限
A	176.764	29.733	94.211	259.316
B	0.861	0.055	0.708	1.014
k	0.270	0.051	0.129	0.411

R 方＝1－（残差平方和）/（已更正的平方和）＝0.997。

2. 结果说明

表 8-22 是 Gompertz 曲线方程模型参数的估计值，可见 Gompertz 模型中 A、B 和 k 分别为 141.763、4.471 和 0.427，将 A、B、k 值代入方程，得 Gompertz 曲线方程：

$$y = 141.763e^{-4.471e^{-0.427t}}。$$

模型的拟合度 $R^2 = 0.998$。

表 8-23 是 Von Bertalanffy 曲线方程模型参数的估计值，参数 A、B 和 k 分别为 176.764、0.861 和 0.270，将 A、B、k 值代入方程，得 Von Bertalanffy 曲线方程：

$$y = 176.764(1 - 0.861e^{-0.270t})^3。$$

模型的拟合度 $R^2 = 0.997$。

拟合结果表明 3 个生长曲线方程的拟合度均高达 0.997 以上，都可很好地描述生长规律，其中以 Gompertz 模型的拟合度（$R^2 = 0.998$）最高。由表 8-16 可计算出各个模型的拐点体重、拐点日龄和生长速度等生产资料。

上述拟合过程同样适用于其他非线性方程的拟合。

第九章　二项分布检验

　　试验或调查中常见的一类试验结果是用成数或百分数表示,如动物的死亡率、治愈率、发病率、孵化率,植株的成活率,种子的发芽率,样本检测的阳性率,等等。这类资料是由计数某一属性的个体数目求得,其总体中只包含互相独立的两项性状,属于二项分布资料。

一、基本原理和方法

　　二项式检验通过对二值变量的单个取值做检验,能够判断总体中两个类别个体的比例是否分别为 p 和 $1-p$。参数为 (n,p) 的二项分布满足:$P(X=k)=C_n^k P^k (1-P)^{n-k}$,其均值和标准差分别为 np 和 $\sigma_x=\sqrt{np(1-p)}$。其中 $P(X=k)$ 表示所占比例为 P 的类别出现 k 次的概率。

　　在小样本时,SPSS 二项分布检验采用精确检验方法计算 n 次试验中某类出现的次数小于或等于 k 次的概率,计算公式为:

$$P(X \leqslant k) = \sum_{k=0}^{x} C_n^k P^k (1-p)^{n-k}。$$

　　在大样本时,趋于正态分布,则采用近似检验方法,即采用 Z 检验统计量。在零假设成立情况下,Z 检验统计量近似服从正态分布,计算公式为:

$$Z = \frac{|x-np|-0.5}{\sqrt{np(1-np)}}。$$

　　SPSS 能根据样本的大小自动计算精确概率或近似概率值。如果概率值小于显著性水平 α,则拒绝零假设,认为样本来自总体与指定的二项分布存在显著性差异;如果概率值大于显著性水平 α,则接受零假设,认为样本来自总体与指定的二项分布无显著性差异。

二、例题及统计分析

　　例 9.1　蜜蜂某种病用一般疗法治愈率为 75%,现尝试采用一种新疗法治疗,试验结果为治疗 30 只,治愈 27 只,试检验新疗法是否提高了疗效。

　　(一)数据输入

　　(1)单击数据编辑器窗口底部的"变量视图"标签,进入"变量视图"窗口,分别命名两变量:"治疗效果"、"计数"。小数位都定义为 0。如图 9-1 所示。

　　(2)单击数据编辑器窗口底部的"数据视图"标签,进入"数据视图"窗口,在变量"治疗效果"中用 1 表示治愈数,2 表示未治愈数。按图 9-2 的格式输入数据。

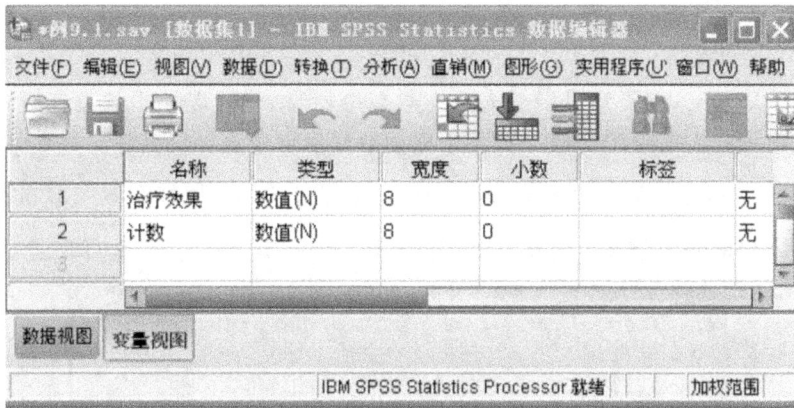

图 9-1 例 9.1 资料的变量命名

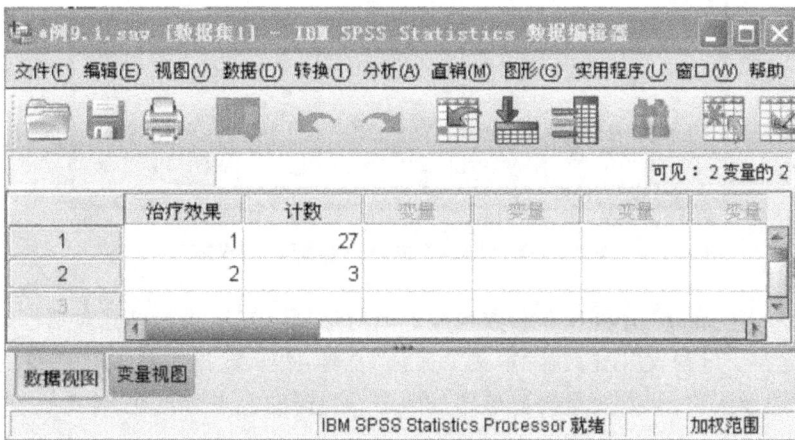

图 9-2 例 9.1 数据输入格式

(二)统计分析

1.简明分析步骤

```
数据→加权个案
  ⊙加权个案
  频率变量:计数                          频数变量为计数
  确定
分析→非参数检验→旧对话框→二项式
  检验变量列表:治疗效果                   指定检验变量为治疗效果
  检验比例:键入 0.75                     治愈率为 0.75
  定义二分法:                            变量只有两分值
  ⊙从数据中获取
确定
```

2.分析过程说明

(1)由图 9-2 可见,该资料是经过人为汇总总结所得到的,即采用频数表格式来记录的资料,在二项分布检验之前须用加权个案命令把频数变量定义为加权变量。操作如下:依次单击主菜单"数据→ 加权个案"命令,打开图 9-3 所示对话框,选中"加权个案",单击箭头 ➡ 将变量"计数"置入"频率变量"框内,定义"结果"为权数,单击"确定"按钮,返回数据编辑器窗口。

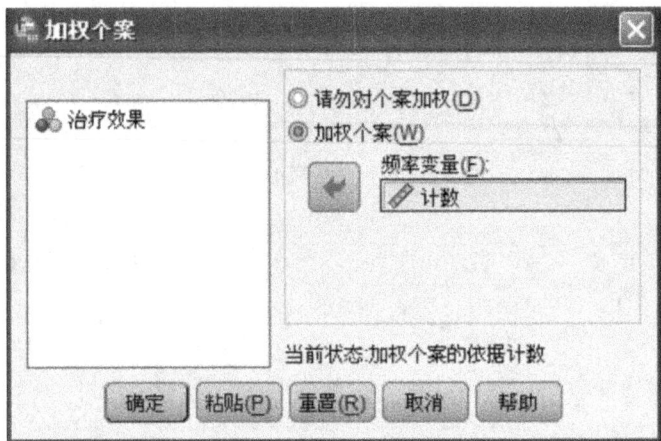

图 9-3　将"计数"变量中的数值转成"权数"

(2)依次单击主菜单"分析→非参数检验→旧对话框→二项式",打开对话框,将变量"治疗效果"置入"检验变量列表"框内,在"定义二分法"框选中"从数据中获取"(变量的取值只有两个有效值时,选择该项,如果变量的取值超过两个,可选择"割点")。在"检验比例"框中指定检验概率。系统默认的检验概率是 0.5,如果每一项中样本的期望比率不等,则在此框中键入对应第一项的概率期望值。对于本例来说,从图 9-2 可见,第一项是治愈的蜜蜂数 27 只,故键入治愈率(标准率 P_0)"0.75",如图 9-4 所示。再单击"确定"按钮,则输出如表 9-1 所示结果。

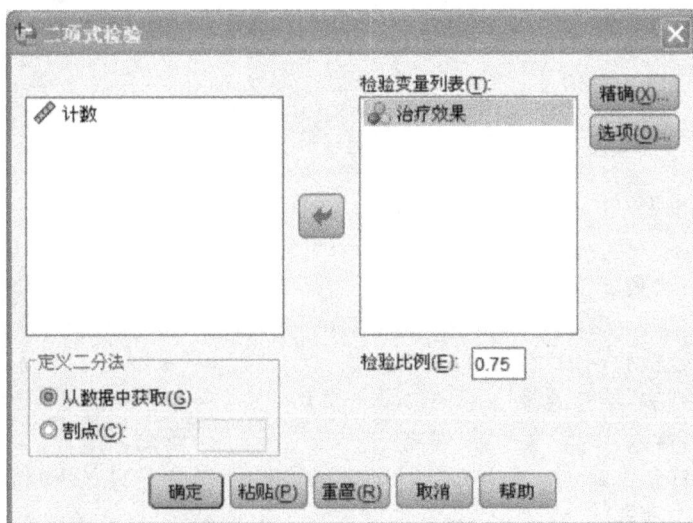

图 9-4　二项分布检验主对话框

表 9-1　二项分布检验结果

	类别	N	观察比例	检验比例	精确显著性（单侧）
治疗效果	组 1　1	27	0.90	0.75	0.037
	组 2　2	3	0.10		
	总数	30	1.00		

（三）结果说明

　　表 9-1 列出了二项检验分布的有关参数，观察比例为二项样本的频率，即 30 例中，治愈率为 0.90，未治愈率为 0.10，检验比例为检验概率（一般疗法治愈率为 0.75），精确显著性为显著性水平概率，由于其值 $P=0.037<0.05$，差异显著，说明新疗法比一般疗法显著地提高了疗效。

第十章 半数效量的计算

在兽医、水产科研工作中,经常用动物试验来研究某种因素(药物、毒物、细菌及理化刺激等)对机体的作用以鉴定其效果、效价或毒性。在这类实验中有时以实验动物起某种反应(如死、活、产生某种症状、起某种效果等)的剂量,说明该刺激的大小,称之为效量。常用的有最小效量(刚能使动物起反应的剂量)、半数效量(有一半动物起反应的剂量)及绝对效量(全部动物起反应的剂量)。如以动物死活作为观察指标则相应地称为最小致死量、半数致死量和绝对致死量。在实际工作中,以半数效量(ED_{50})、半数致死量(LD_{50})和半数致死浓度(LC_{50})的测定应用最为广泛,SPSS 软件中的"概率单位回归"模块可以很容易用于分析"剂量—反应"关系,从而求得半数效量、半数致死量和半数致死浓度。SPSS 系统是通过调用 Probit 过程来实现的。

例 10.1 用小白鼠腹腔法注射测定某药物的毒性试验,结果如表 10-1 所示,求半数致死量。

表 10-1 用小白鼠腹腔法注射测定某药物的毒性试验结果

剂量(mg/kg)	动物数 n	死亡数 r	死亡率 p_i
800	10	0	0
1 000	10	1	0.1
1 200	10	3	0.3
1 400	10	7	0.7
1 600	10	8	0.8
1 800	10	9	0.9
2 000	10	10	1

一、数据输入

(1)单击数据编辑器窗口底部的"变量视图"标签,进入"变量视图"窗口,命名变量分别为:"剂量"、"死亡例数"、"试验动物数",小数位都定义为 0。

(2)单击数据编辑器窗口底部的"数据视图"标签,进入"数据视图"窗口,按图 10-1 的格式输入数据。

	剂量	死亡例数	试验动物数
1	800	0	10
2	1000	1	10
3	1200	3	10
4	1400	7	10
5	1600	8	10
6	1800	9	10
7	2000	10	10

图 10-1 例 10.1 数据输入格式

二、统计分析

(一)简明分析步骤

分析→回归→Probit

响应频率:死亡例数	反应频数变量为死亡例数
观测值汇总:试验动物数	总观察例数变量为试验动物数
协变量:剂量	剂量的变量为剂量
模型:	
⊙概率	选择默认的"概率单位回归"法对反应比例进行转换
确定	

(二)分析过程说明

单击"分析 →回归 → Probit(概率单位)",打开图 10-2"Probit(概率单位)分析"对话框,单击箭头 ［→］,将变量"死亡例数"置入"响应频率"框内,将变量"试验动物数"置入"观测值汇总"框内,将变量"剂量"置入"协变量"框内,该(组)变量用来表示不同的实验刺激条件。其下方"转换"下拉列表用来选择对协变量的变量变换方法。这些变换方法分别为:无(不进行转换,此项为系统默认值);对数底为 10(常用对数转换);自然对数(自然对数转换)。在"模型"栏,选中"概率"(系统默认),表示用累积标准正态函数的逆函数进行转换,此时进行的就是Probit 分析即概率单位法。若选中 Logit,则系统对反应比例作 Logit 转换,即 Logit 单位法,两法结果大同小异。再单击"确定"按钮,输出表 10-2~表 10-7、图 10-3。

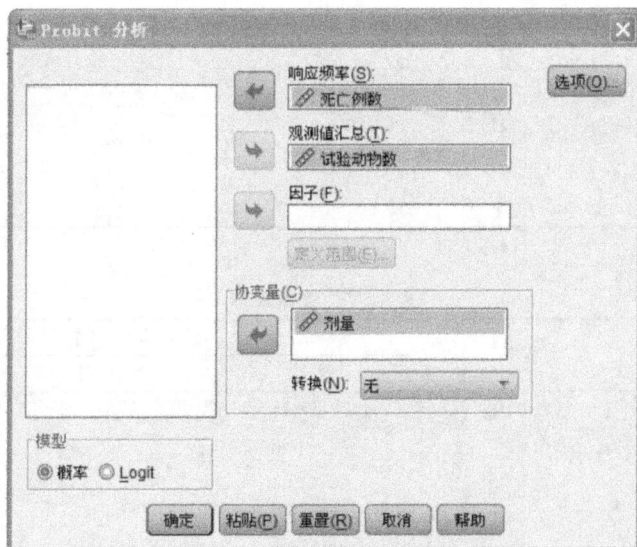

图 10-2 "Probit(概率单位)分析"对话框

表 10-2　数据信息

		个案数
有效		7
已拒绝	缺失	0
	响应数＞主体数	0
控制组		0

表 10-3　收敛信息

	迭代数	找到最优解
PROBIT	18	是

表 10-4　参数估计值

参数		估计	标准误	z	Sig.	95%置信区间 下限	上限
PROBIT[a]	剂量	0.004	0.001	5.110	0.000	0.002	0.005
	截距	−4.886	0.989	−4.941	0.000	−5.875	−3.897

a：PROBIT 模型：PROBIT(p)＝截距＋BX。

表 10-5　卡方检验

		卡方	df[a]	Sig.
PROBIT	Pearson 拟合度检验	1.522	5	0.911[b]

a.基于单个个案的统计量与基于分类汇总个案的统计量不同。
b.由于显著性水平大于 0.150，因此在置信限度的计算中未使用异质因子。

表 10-6　单元计数和残差

	数字	剂量	主体数	观测的响应	期望的响应	残差	概率
PROBIT	1	800.000	10	0	0.239	−0.239	0.024
	2	1 000.000	10	1	1.051	−0.051	0.105
	3	1 200.000	10	3	2.992	0.008	0.299
	4	1 400.000	10	7	5.792	1.208	0.579
	5	1 600.000	10	8	8.229	−0.229	0.823
	6	1 800.000	10	9	9.508	−0.508	0.951
	7	2 000.000	10	10	9.913	0.087	0.991

表 10-7　置信限度

	概率	剂量的 95%置信限度 估计	下限	上限
PROBIT	0.010	704.616	273.105	909.479
	0.020	779.653	392.150	966.400
	0.030	827.261	467.343	1 002.853
	0.040	863.075	523.691	1 030.491
	0.050	892.207	569.362	1 053.136
	…	…	…	…

续表

	概率	剂量的 95％置信限度		
		估计	下限	上限
	0.450	1 310.388	1 181.188	1 421.972
	0.500	1 344.978	1 223.724	1 460.552
	0.550	1 379.568	1 264.233	1 501.159
	0.600	1 414.715	1 303.321	1 544.495
PROBIT	…	…	…	…
	0.960	1 826.880	1 666.783	2 147.587
	0.970	1 862.694	1 694.625	2 203.731
	0.980	1 910.303	1 731.302	2 278.700
	0.990	1 985.340	1 788.494	2 397.474

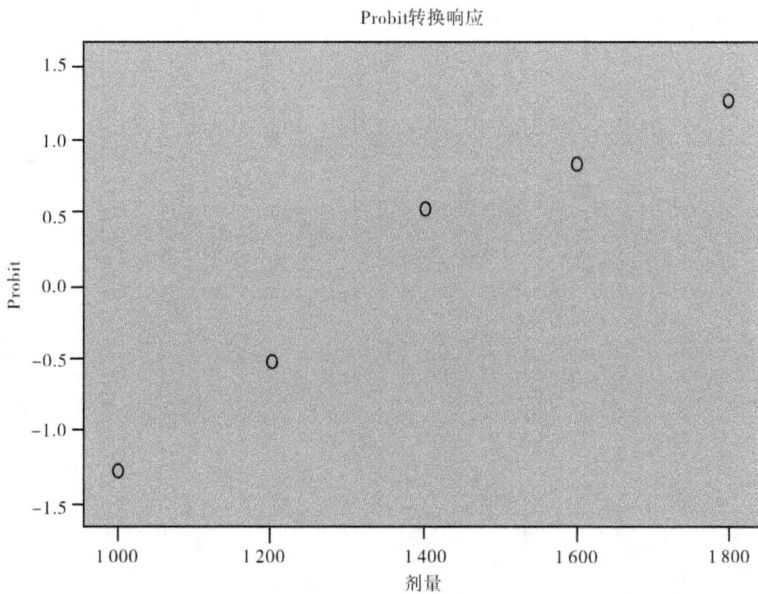

图 10-3　反应曲线图

三、结果说明

表 10-2 输出的是模型概况，显示有 7 条记录被纳入分析，采用的是正态概率的 Probit 变换。

表 10-3 显示在迭代 18 次后模型收敛，得到最优解。

表 10-4 输出回归方程的截距和回归系数及相应的标准误和检验的概率值（Sig），模型方程式为：

$$\text{Probit(p)} = -4.886 + 0.004x。$$

表 10-5 输出模型拟合度检验的结果。Pearson 拟合度检验结果为 $\chi^2 = 1.522, df = 5$，P（Sig）$= 0.911 > 0.05$，差异不显著，表明模型拟合良好。

表 10-6 输出各剂量组的药物剂量、试验动物数、观察的死亡例数,估计的死亡例数、残差和反应概率。

表 10-7 列出了不同死亡概率所对应的估计剂量及其估计剂量的 95% 置信区间。死亡概率的范围从 0.01～0.99,为了节省篇幅,从中删除了一部分输出。从中可见,半数致死时(概率＝0.50)的估计剂量(LD$_{50}$)为 1 344.98 mg/kg 体重。其 95% 置信区间为(1 223.724,1 460.552)mg/kg 体重。

图 10-3 输出反应曲线图,即不同药物剂量所对应相应概率的散点图,由于在样本的 7 条记录中只有 5 条记录的反应率在 0%～100% 之间,因此图 10-3 中只有 5 个点。

第十一章　聚类分析

　　聚类分析(Cluster analysis)是数理统计中用于研究分类的一种方法。它依据物以类聚的原则,引用分类学与多元统计分析的技术,对纷乱繁杂的事物进行分类,将具有类似属性的事物聚为一类,使同一类事物具有高度的相似性。在育种工作和品种资源调查等分类问题中,聚类分析有着广泛的应用,例如品种分类、地区分类、生产性状分类和体型性状分类等。

　　聚类分析的方法很多,本章只介绍 SPSS 中提供的系统聚类法的使用方法。根据客观需要聚类分析又可以分为两种:

　　一种是对指标(或变量)聚类(Variables－clustering),例如,将畜禽的多个体型性状指标进行分类,从众多的体型性状中选出具有代表性的典型性状。

　　另一种是对样品聚类(Cases－clustering),例如将一批品种不同的作物、畜禽、蜂、鱼类根据其体型性状或生产性状指标或遗传结构的特性进行分类。

　　系统聚类法的基本思想是:首先要研究指标或样品之间的关系,即建立表达这种关系的聚类统计量,常用的聚类统计量有距离系数和相似系数。先将所有样品(或指标)各自看成一类,选择相似程度最大的(距离系数最小或相似系数最大)两类合并,重新计算新类与其他类的距离或相似系数,再将相似程度最大的两类合并,如此反复进行,直到所有样品(或指标)合并为一类为止。

一、指标(或变量)聚类

　　例 11.1　测量了 20 只 60 日龄闽南公火鸡的 6 项体型性状:体斜长(x_1),胸深(x_2),胸宽(x_3),龙骨长(x_4),骨盆宽(x_5),胫长(x_6)。数据如表 11-1 所示。

表 11-1　20 只 60 日龄闽南公火鸡的 6 项体型性状

cm

	x_1	x_2	x_3	x_4	x_5	x_6
1	35.24	20.45	19.15	19.45	11.19	11.66
2	34.56	19.67	18.34	18.54	11.56	11.67
3	34.78	19.70	19.09	18.97	11.89	11.89
4	35.56	20.41	18.34	19.00	12.00	12.67
5	33.45	18.94	18.40	17.50	12.98	12.34
6	34.43	19.45	19.56	18.67	11.00	11.89
7	34.56	19.21	19.57	18.78	12.41	12.90
8	34.23	19.90	18.35	18.34	11.21	12.00
9	34.12	19.56	19.70	18.45	11.59	12.90
10	34.87	19.45	19.00	18.94	12.12	13.27

续表

	x_1	x_2	x_3	x_4	x_5	x_6
11	33.95	18.65	19.34	17.97	11.88	11.99
12	33.89	18.67	18.56	18.32	12.00	12.00
13	34.12	19.87	18.97	18.15	11.89	11.89
14	34.67	19.56	18.52	18.67	12.00	13.45
15	34.43	19.52	19.30	18.78	10.98	11.87
16	33.78	18.92	19.21	18.34	11.00	12.91
17	34.65	19.00	19.34	18.50	12.40	12.90
18	33.98	19.87	18.67	18.70	11.10	11.63
19	33.56	19.45	19.50	18.73	11.39	11.91
20	34.90	20.20	19.70	19.34	12.12	12.92

（一）数据输入

单击数据编辑器窗口底部的"变量视图"标签，进入"变量视图"窗口，命名变量分别为："x_1"、"x_2"、"x_3"、"x_4"、"x_5"、"x_6"，分别代表体斜长、胸深、胸宽、龙骨长、骨盆宽、胫长。小数位都定义为 2。单击数据编辑器窗口底部的"数据视图"标签，进入"数据视图"窗口，按图 11-1 的格式输入数据。

	x1	x2	x3	x4	x5	x6
1	35.24	20.45	19.15	19.45	11.19	11.66
2	34.56	19.67	18.34	18.54	11.56	11.67
3	34.78	19.70	19.09	18.97	11.89	11.89
4	35.56	20.41	18.34	19.00	12.00	12.67
5	33.45	18.94	18.40	17.50	12.98	12.34
6	34.43	19.45	19.56	18.67	11.00	11.89
7	34.56	19.21	19.57	18.78	12.41	12.90
8	34.23	19.90	18.35	18.34	11.21	12.00
9	34.12	19.56	19.70	18.45	11.59	12.90
10	34.87	19.45	19.00	18.94	12.12	13.27
11	33.95	18.65	18.34	17.97	11.88	11.99
12	33.89	18.67	18.56	18.32	12.00	12.00
13	34.12	19.87	18.97	18.15	11.89	11.89
14	34.67	19.56	18.52	18.67	12.00	13.45
15	34.43	19.52	19.30	18.78	10.98	11.87
16	33.78	18.92	19.21	18.34	11.00	12.91
17	34.65	19.00	19.34	18.50	12.40	12.90
18	33.98	19.87	18.67	18.70	11.10	11.63
19	33.56	19.45	19.50	18.73	11.39	11.91
20	34.90	20.20	19.70	19.34	12.12	12.92

图 11-1　例 11.1 数据输入格式

（二）统计分析

1. 简明分析步骤

```
分析→分类→系统聚类
变量:"x₁",…,"x₆"                    选入用于聚类分析的变量
分群:⊙变量
统计量:
    ☑合并进程表                      聚类过程的详细记录
    ☑相似性矩阵                      输出变量的相似性矩阵
    继续
绘制
    ☑树状图                         用树状图显示聚类分析图
    ⊙水平                          横向显示冰柱图
    继续
方法
    聚类方法:组间联接                采用组间联接法进行聚类分析
    ⊙区间                          适用连续型资料
    Pearson 相关性                  采用相关系数对变量进行聚类
    继续
确定
```

2. 分析过程说明

（1）依次单击主菜单"分析→分类→系统聚类"，打开"系统聚类"主对话框，单击箭头 ，将变量"x_1",…,"x_6"置入"变量"框内。在"分群"框选中"变量"，表示按指标分类，另一选项"个案"表示按样品聚类（系统默认设置）。如图 11-2 所示。

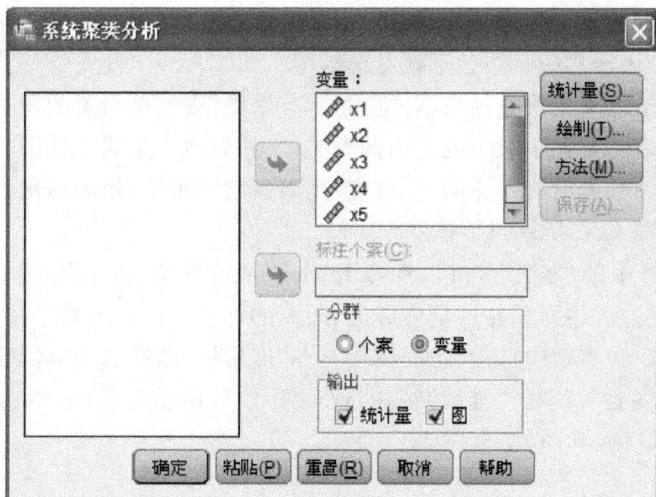

图 11-2　"系统聚类分析"主对话框

(2)单击图 11-2"统计量"按钮,打开图 11-3"统计量设置"对话框。选中"合并进程表",可输出聚类过程的详细记录,给出每一步中类合并的细节数据。选中"相似性矩阵",则列出研究对象(样品)或指标(变量)的距离或相似性矩阵。本例两项均选中。单击"继续"键返回图 11-2 所示对话框。

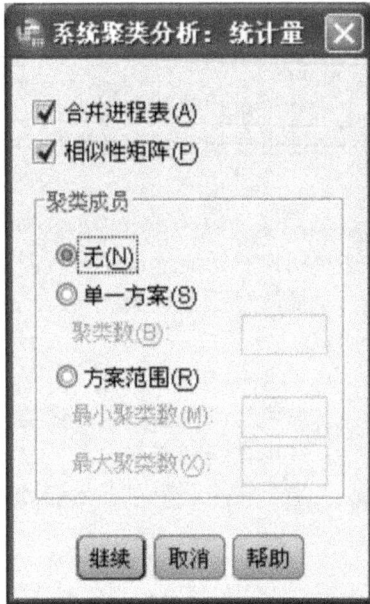

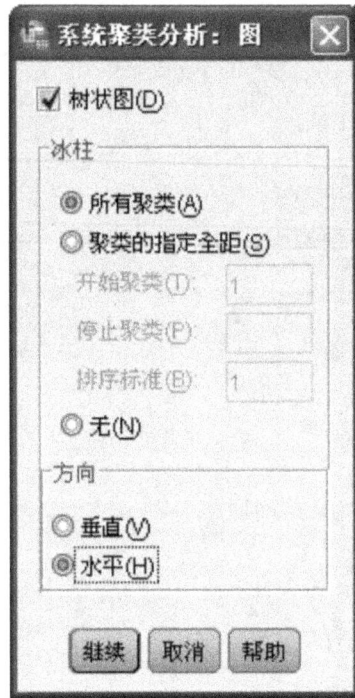

图 11-3 "统计量设置"对话框　　　图 11-4 "图形设置"对话框

在"聚类成员"单选框组,选择是否输出类成员表的输出格式,包括每个观测记录的最终分类结果。其中"无"选项表示不输出类成员表;"单一方案"选项表示输出指定聚类个数的类成员表;"方案范围"选项表示输出聚类个数在某个范围时的类成员表。

(3)单击图 11-2"绘制"按钮,打开如图 11-4"图形设置"对话框。

选中"树状图",表示用树状图显示聚类分析图。

"冰柱"栏可以选择输出聚类结果冰柱图:"所有聚类"表示把聚类的每一步都表现在图中,"聚类的指定全距"表示要显示某个范围内的聚类;"无"表示不生成冰柱图。

"方向"栏设置冰柱图的显示方向。"垂直"纵向显示,"水平"横向显示。本例选中"水平",单击"继续"键返回图 11-2 所示对话框。

(4)单击图 11-2 中的"方法"按钮,打开图 11-5"系统聚类:方法"设置对话框。在该对话框中,可以确定聚类过程中所采用的具体方法、距离的计算方法以及数据转换的方法。

在"聚类方法"下拉列表中选中"组间联接",在"度量标准"栏选中"区间",并在其下拉列表中选择"Pearson 相关性",单击"继续"按钮,返回图 11-2 所示对话框,单击"确定"按钮,输出结果如表 11-2～表 11-4 和图 11-6、图 11-7 所示。

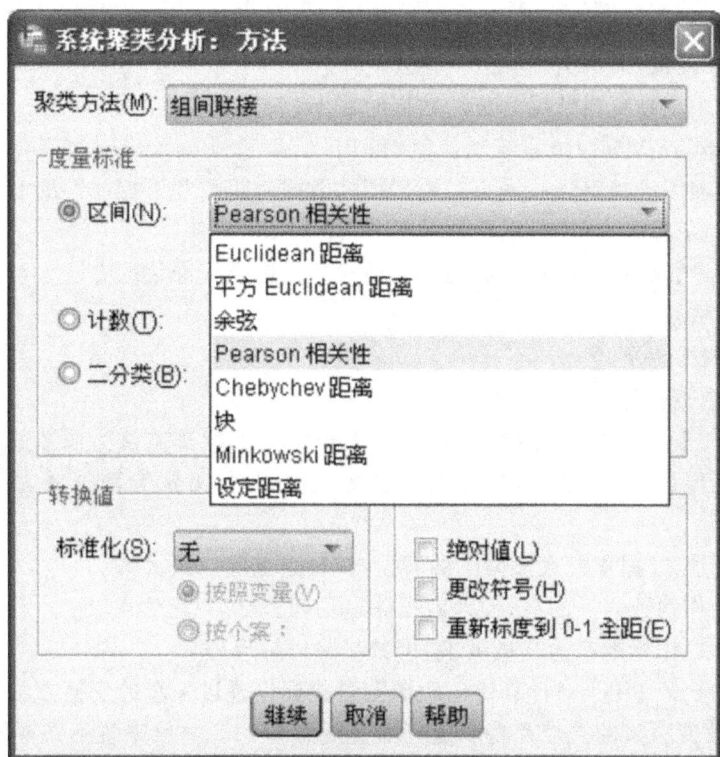

图 11-5　"系统聚类：方法"设置对话框

图 11-5"系统聚类：方法"设置对话框说明：

"聚类方法"下拉列表用于选择聚类分析中不同类间距离的测量方法。此处提供了 7 种不同方法，分别为：

①组间连接：它使得合并两类之后，不同类的样品两两之间的平均距离达到最小，该选项为系统默认选项。

②组内连接：它使得合并后的类中的所有样品之间的平均距离达到最小。

③最近邻元素：以两个类中最临近的两个样品的距离作为类间距离进行聚类分析。

④最远邻元素：以两个类中最远的两个样品的距离作为类间距离进行聚类分析。

⑤质心聚类法：以两个类的重心之间的距离（这里的重心指样品均值）作为类间距离进行聚类分析。

⑥中位数聚类法：以两类变量均值之间的距离作为类间距离。

⑦ Ward 法：最小平方法。

SPSS 系统默认的是组间连接法，大量实践证明这是一种非常优秀和稳健的方法，因此一般使用该默认值即可。

"度量标准"栏：用于选择所用的距离种类。根据资料类型的不同有 3 个选项：

区间（计量资料）、计数（计数资料）、二分类（二分类资料）。各个选项分别有不同的距离或相似系数供选择。

"区间"选项下拉列表提供了 8 种距离选项：Euclidean 距离（欧氏距离）、平方 Euclidean 距离（平方欧氏距离）、余弦（Cosine）、Pearson 相关性（皮尔逊相关度量）、Chebychev 距离（切比雪夫距离）、块（Block）、Mincowski 距离（明考夫斯基距离）、设定距离（Customized）。

距离一般用于对样品的聚类,通常采用平方 Euclidean 距离即可。余弦、Pearson 相关性一般用于对指标(变量)的聚类。

"计数"选项用于确定当数据为离散数据时对不相似性进行度量的方法,在其下拉列表有卡方度量(Chi-square Measure 系统默认值)和 Phi 方度量(Phi-square Measure)。

"二分类"选项用于确定当数据为二值特征的数据时距离和不相似性的度量方法。在其下拉列表中提供了 27 种距离(略),默认的是平方 Euclidean 距离。

"转换值"子设置栏用于设置计算距离之前对变量进行标准化的方法。系统提供了 7 种进行变量转换的方法:

①无:不作数据转换。

② Z 得分:数据作标准正态变换。

③全距从 −1 到 1:将数据范围转化为 −1 至 +1 之间,具体方法为原数值除以极差。

④全距从 0 到 1:将数据范围转化为 0 至 1 之间,具体方法为数据减去最小值后除以极差。

⑤ 1 的最大量:数据作最大值为 1 的转换,即将数据除以最大值。

⑥均值为 1:作均数为 1 的变换,即数据除以均数。

⑦标准差为 1:作标准差为 1 的变换,即数据除以标准差。

"转换度量"子设置用于对计算出的距离测量指标设置进一步的变换方法,三个选项为:对距离取绝对值,改变距离的符号和将取值范围变换为 0~1。一般来说不需要使用这些选项。

表 11-2　数据汇总表(案例处理摘要[a])

案例					
有效		缺失		合计	
N	百分比	N	百分比	N	百分比
20	100.0%	0	0.0%	20	100.0%

a:值向量间的相关性已使用。

表 11-3　闽南公火鸡 6 个体型指标间的相关系数阵

案例	矩阵文件输入					
	x_1	x_2	x_3	x_4	x_5	x_6
x_1	1.000	0.655	0.059	0.764	0.047	0.233
x_2	0.655	1.000	0.066	0.681	−0.276	−0.140
x_3	0.059	0.066	1.000	0.430	−0.162	0.217
x_4	0.764	0.681	0.430	1.000	−0.286	0.085
x_5	0.047	−0.276	−0.162	−0.286	1.000	0.466
x_6	0.233	−0.140	0.217	0.085	0.466	1.000

表 11-4　聚类过程描述表

阶	群集组合		系数	首次出现阶群集		下一阶
	群集 1	群集 2		群集 1	群集 2	
1	1	4	0.764	0	0	2
2	1	2	0.668	1	0	4
3	5	6	0.466	0	0	5
4	1	3	0.185	2	0	5
5	1	5	−0.035	4	3	0

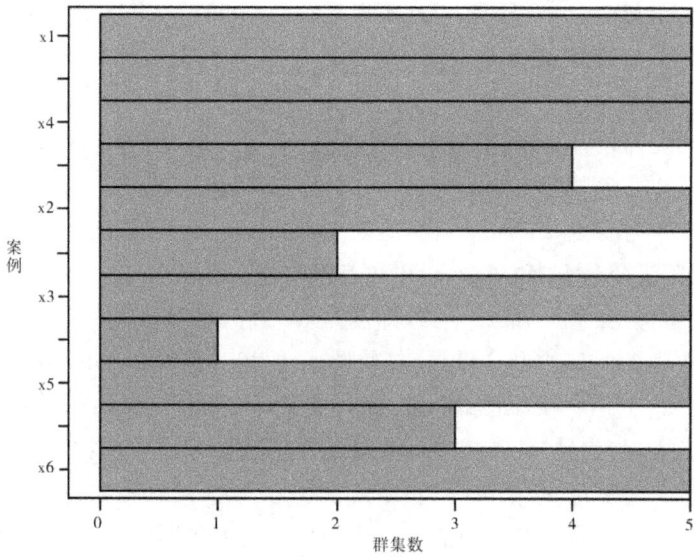

图 11-6　冰柱图

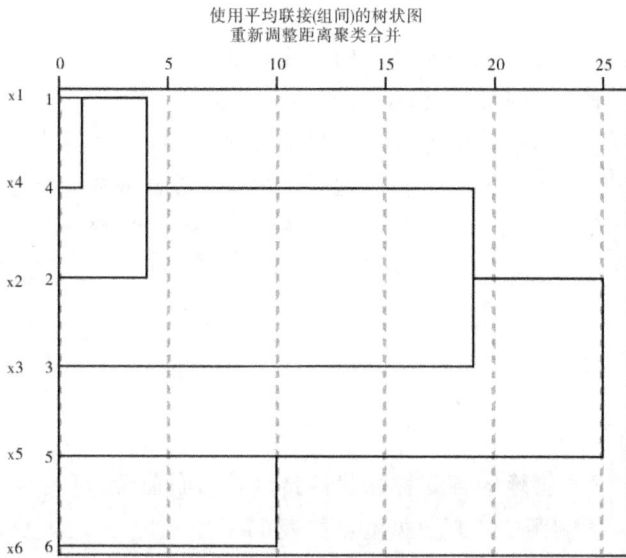

使用平均联接(组间)的树状图
重新调整距离聚类合并

图 11-7　树形聚类分析图

（三）结果说明

(1)表 11-2 是"变量处理摘要"给出的数据基本信息。本例指明有 20 个样本参与分析,没有缺失值。

(2)表 11-3 是闽南公火鸡 6 个体型指标间的相关系数阵,从中可了解各性状之间的两两相关系数。

(3)表 11-4 是使用两组间的连接统计量进行聚类的详细过程(即其聚类各步的过程,其对应的系数和聚类信息)。由于有 6 个变量,因此需经过 5 步聚类。

第1步：变量 x_1 与变量 x_4 聚成一类，凝聚系数为 0.764，与相关系数 0.764 一致。

第2步：变量 x_1 与变量 x_2 聚成一类，即变量 x_2 进入已聚类的"变量 x_1 与变量 x_4"之中，其凝聚系数为 0.668，它不等于变量 x_2 与变量 x_1 的相关系数 0.655，也不等于变量 x_2 与变量 x_4 的相关系数 0.681，因为此处的凝聚系数是变量 x_2 与变量 x_1、变量 x_4 联合成一类后的多重相关系数。

第3步：变量 x_5 与变量 x_6 聚成一类，凝聚系数为 0.466，该凝聚系数和变量 x_5 与变量 x_6 的相关系数一致，因为变量 x_5 和变量 x_6 事先都没有进入任何一组。

第4步：变量 x_1 与变量 x_3 聚成一类，即变量 x_3 进入已聚类的"变量 x_1、变量 x_4 和变量 x_2"之中，凝聚系为 0.185，它和变量 x_3 与变量 x_1 的相关系数 0.059 不一致，和变量 x_3 与变量 x_2 的相关系数 0.066 不一致，也和变量 x_3 与变量 x_4 的相关系数 0.430 不一致，因为此处的凝聚系数是变量 x_3 与变量 x_1、变量 x_2、变量 x_4 联合成一类后的多重相关系数。

第5步：变量 x_1 与变量 x_5 聚成一类，凝聚系数为 −0.035，…，如此等等。

(4)图 11-6 是根据凝聚状态表画的一个横向显示的冰柱图，显示了聚类的整个过程，图下面的横标题表示聚类数，左侧显示聚类类别的变量名，其向右的"冰柱"表示聚类的结果。

比如，聚为 3 类，从图下面的聚类数 3 的位置向右看，可见，变量 x_6 与 x_5 合为一类，变量 x_3 是一类，变量 x_2，变量 x_4 和变量 x_1 合为一类。

又比如聚为 4 类，从图上面的聚类数 4 的位置向右看，可见，变量 x_6 是一类，变量 x_5 是一类，变量 x_3 是一类，变量 x_2，变量 x_4 和变量 x_1 合为一类。

(5)图 11-7 是聚类结果树形图，它清晰地显示出闽南公火鸡 6 个体型性状变量之间差异的大小（横线越长，相似程度越小）。如以类内最小相关系数显著为分类标准，则闽南公火鸡体型性状可分为 4 类，体斜长(x_1)，龙骨长(x_4)，胸深(x_2)为一类；胸宽(x_3)、骨盆宽(x_5)、胫长(x_6)各为一类。

二、样品聚类

例 11.2　测定了 8 种蜜蜂的各 5 种性状：吻长(x_1)，右前翅长(x_2)，肘脉指数(x_3)，3+4 背板长(x_4)，第 4 背板突间距(x_5)。数据资料如表 11-5 所示。

表 11-5　蜜蜂(工蜂)形态指标值

mm

样品编号	分类单位	吻长	右前翅长	肘脉指数	3+4 背板长	第 4 背板突间距
1	小蜜蜂	2.80	6.65	3.65	2.55	2.45
2	黑色小蜜蜂	2.41	6.07	5.67	2.64	2.59
3	大蜜蜂	6.40	13.05	9.57	5.54	4.97
4	黑色大蜜蜂	6.60	13.23	15.75	5.38	5.09
5	中蜂	5.09	8.82	3.82	3.73	4.37
6	意蜂	6.00	8.88	2.66	3.91	4.52
7	喀尼阿兰蜂	6.00	8.58	2.72	3.95	4.77
8	喀尔巴阡蜂	6.00	8.33	2.86	3.97	4.50

（一）数据输入

单击数据编辑器窗口底部的"变量视图"标签,进入"变量视图"窗口,分别命名5个变量:
"x_1"、"x_2"、"x_3"、"x_4"、"x_5",分别代表吻长、右前翅长、肘脉指数、3+4背板长、第4背板突间距。小数位都定义为2。点击数据编辑窗口底部的"数据视图"标签,进入"数据视图"窗口,按图11-8的格式输入数据。

	x1	x2	x3	x4	x5
1	2.80	6.65	3.65	2.55	2.45
2	2.41	6.07	5.67	2.64	2.59
3	6.40	13.05	9.57	5.54	4.97
4	6.60	13.23	15.75	5.38	5.09
5	5.09	8.82	3.82	3.73	4.37
6	6.00	8.88	2.66	3.91	4.52
7	6.00	8.58	2.72	3.95	4.77
8	6.00	8.33	2.86	3.97	4.50

图11-8　例11.2数据输入格式

（二）统计分析

1.简明分析步骤

分析→分类→系统聚类	
变量:"x_1",…,"x_6"	选入用于聚类分析的变量
分群:⊙个案	按样品聚类分析
统计量:	
☑合并进程表	聚类过程的详细记录
☑相似性矩阵	输出变量的相似性矩阵
继续	
绘制	
☑树状图	用树状图显示聚类分析图
⊙水平	横向显示冰柱图
继续	
方法	
聚类方法:组间联接	采用组间联接法进行聚类分析
⊙区间	连续型资料
Euclidean 距离	选入欧氏距离对样品进行聚类
继续	
确定	

2.分析过程说明

(1)依次单击"分析→分类→系统聚类",则打开"系统聚类"主对话框(参见图 11-2),单击箭头 ➡,将变量"x_1",…,"x_5"置入"变量"框内,选中"个案"表示按样品聚类(系统默认设置)。

(2)单击图 11-2 中"统计量"按钮,打开"统计量设置"对话框(参见图 11-3)。选中"相似性矩阵",可列出样品的距离矩阵。单击"继续"键返回图 11-2 所示对话框。

(3)单击图 11-2 中"绘制"按钮,打开"图形设置"对话框(参见图 11-4)。选中"树状图",表示用树状图显示聚类分析图。

(4)单击图 11-2 中"方法"按钮,打开如图 11-5 对话框。选中"Euclidean 距离"。在"聚类方法"下拉列表,选择"组间联接"作为不同类间距离的测量方法(系统默认选项)。单击"继续"按钮返回图 11-2 所示对话框。单击"确定"按钮,输出结果如表 11-6～表 11-8 和图 11-9、图 11-10 所示。

表 11-6　数据汇总表(案例处理摘要[a])

案例					
有效		缺失		合计	
N	百分比	N	百分比	N	百分比
8	100.0	0	0.0	8	100.0

a:平均联结(组之间)。

表 11-7　8 个蜂种的欧氏距离矩阵

案例	Euclidean 距离							
	1	2	3	4	5	6	7	8
1	0.000	2.144	10.211	14.803	3.881	4.725	4.709	4.462
2	2.144	0.000	9.691	13.572	4.746	5.931	5.862	5.595
3	10.211	9.691	0.000	6.189	7.504	8.256	8.345	8.375
4	14.803	13.572	6.189	0.000	12.934	13.897	13.925	13.887
5	3.881	4.746	7.504	12.934	0.000	1.494	1.518	1.437
6	4.725	5.931	8.256	13.897	1.494	0.000	0.397	0.589
7	4.709	5.862	8.345	13.925	1.518	0.397	0.000	0.394
8	4.462	5.595	8.375	13.887	1.437	0.589	0.394	0.000

这是一个不相似矩阵。

表 11-8　聚类过程描述表

阶	群集组合		系数	首次出现阶群集		下一阶
	群集 1	群集 2		群集 1	群集 2	
1	7	8	0.394	0	0	2
2	6	7	0.493	0	1	3
3	5	6	1.483	0	2	5
4	1	2	2.144	0	0	5
5	1	5	4.989	4	3	7
6	3	4	6.189	0	0	7
7	1	3	11.283	5	6	0

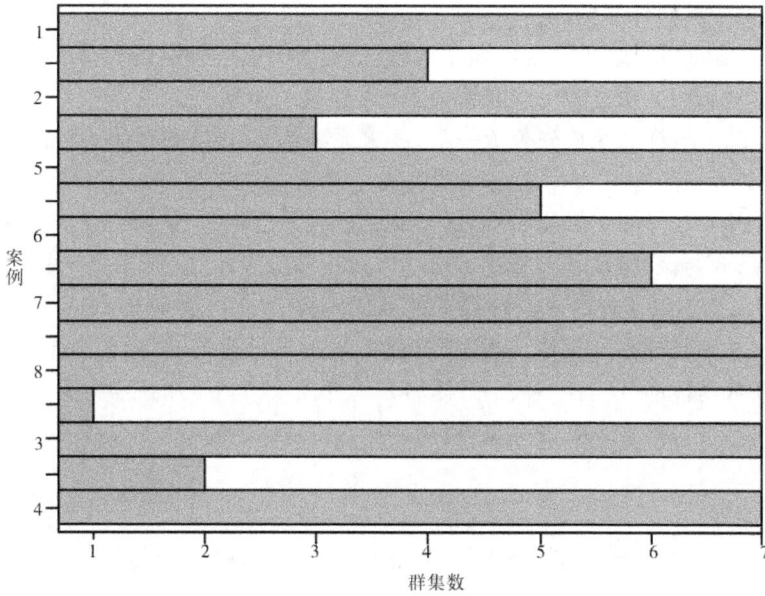

图 11-9　冰柱图

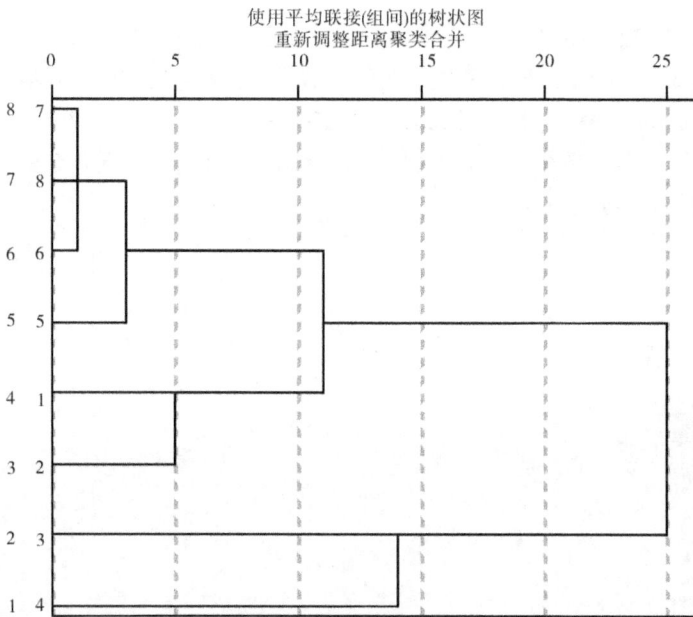

图 11-10　树形聚类分析图

（三）结果说明

（1）表 11-6 给出数据的基本信息。本例指明有 8 个样品参与分析，没有缺失值。

（2）表 11-7 是 8 个蜂种的欧氏距离系数矩阵，其中最小的欧氏距离系数是样本 7 与样本 8，距离系数为 0.394；次小的是样本 6 与样本 7，距离系数为 0.397。欧氏距离系数矩阵主要是为之后的聚类分析而计算的。

（3）表 11-8 是使用两组间的连接统计量进行聚类的详细过程（即其聚类各步的过程,其对应的系数和聚类信息）。由于有 8 个样品,因此需经过 7 步聚类。

第 1 步:样品 7 与样品 8 首先聚成一类,凝聚系数为 0.394,和样品 7 与样品 8 的欧氏距离系数相等。

第 2 步:样品 6 与样品 7 聚成一类,即样品 6 进入早已聚类的"样品 7 与样品 8"之中,它的凝聚系数是样品 6 与该"样品 7 与样品 8"类中心的距离,因此,它既不等于样品 6 与样品 7 的欧氏距离 0.397,也不等于样品 6 与样品 8 的欧氏距离 0.589,而是 0.493。

第 3 步:样品 5 与样品 6 聚成一类,即样品 5 进入早已聚类的"样品 7、样品 8 与样品 6"之中,它的凝聚系数是样品 5 与该"样品 7、样品 8 与样品 6"类中心的距离,为 1.483。

第 4 步:样品 1 与样品 2 聚成一类,凝聚系数为 2.144,和样品 1 与样品 2 的欧氏距离系数相等。

……如此等等。

（4）图 11-9 是根据凝聚状态表画的一个横向显示的冰柱图,图的上行表示聚类数,左侧是样品号,表的中间表示聚类的结果。

比如,聚为 5 类,从图上面的聚类数 5 的位置向右看,可见,样品 8（喀尔巴阡蜂）、样品 7（喀尼阿兰蜂）、样品 6（意蜂）、样品 5（中蜂）合为一类,样品 4（黑色大蜜蜂）是一类,样品 3（大蜜蜂）是一类,样品 2（黑色小蜜蜂）是一类,样品 1（小蜜蜂）是一类。

又比如,聚为 6 类,从图上面的聚类数 6 的位置向右看,可见,样品 8（喀尔巴阡蜂）、样品 7（喀尼阿兰蜂）、样品 6（意蜂）合为一类,其余蜂种各为一类。

（5）图 11-10 是聚类结果树形图,它清晰地显示出各分类单位（既 8 个蜂种）之间的亲缘关系的远近（横线越长,亲缘关系越远）。

第十二章　主成分分析

　　在实际研究工作中,经常遇到多指标或多因素(多变量)测定或调查研究的问题。比如,猪的体型性状有体重、体长、体高、胸围、腹围等 10 多个指标,影响小麦产量的有抽穗期、株高、单株穗数、主穗长、主穗粒数等指标。这些不同指标或因素之间往往存在一定的相关性,为了能够正确整理这些错综复杂的关系,可用多元统计的方法来处理这类数据,以便简化数据结构。主成分分析就是研究如何用少数几个综合指标或因素来代表众多指标或因素,综合后的新指标称为原来指标的主成分或主分量,这些主成分既彼此不相关,又能综合反映原来多个指标的大部分信息,是原来多个指标的线性组合,这是一种"降维"的思想。自 Hotelling 于 1933 年首先提出该方法以来,在社会科学、医学、农业等领域已得到较广泛的研究和应用。

　　主成分分析的基本步骤是:计算相关系数(r)及相关矩阵(R);应用 Jacbi 法,根据相关矩阵(R)得到特征矩阵,解得 m 个特征值 $\lambda_i (i=1,2,\cdots,m)$ 及与其对应的特征向量 $l_i (i=1,2,\cdots,m)$;计算主成分 z_k 的贡献率 $\lambda_k / \sum\limits_{i=1}^{m} \lambda_i$ 及前 p 个主成分的累计贡献率 $\sum\limits_{i=1}^{p} \lambda_i / \sum\limits_{i=1}^{m} \lambda_i$,如果 $z_1,z_2,\cdots,z_p (p<m)$ 的累计贡献率已达到 85% 以上,则表示前 p 个主成分已能反映原有变量的绝大部分信息。

　　例 12.1　对第十一章的例 11.1 的 20 只 60 日龄闽南公火鸡的 6 项体型性状:体斜长(x_1),胸深(x_2),胸宽(x_3),龙骨长(x_4),骨盆宽(x_5),胫长(x_6)做主成分分析。

一、数据输入

　　数据输入格式见第十一章图 11-1。

二、统计分析

　　(一)简明分析步骤

```
分析→降维→因子分析
变量:"x₁",…,"x₆"                    选入做主成分分析的变量
描述:
  ☑单变量描述性                      计算基本统计量
```

☑原始分析结果	输出原始分析结果
☑系数	计算相关系数
☑显著性水平	相关系数显著性检验的 P 值
☑KMO 和 Bartlett 的球形度检验	进行因子分析适用条件的检验
继续	
抽取	
方法:主成分	主成分分析法
⊙相关性矩阵	输出相关矩阵
⊙基于特征值	选取大于 1 的特征根对应的主成分
特征值大于:1	
☑未旋转的因子解	输出非旋转因子的结果
☑碎石图	输出碎石图
最大收敛性迭代次数:25	收敛计算中的最大迭代次数
继续	
确定	

(二)分析过程说明

(1)依次单击主菜单"分析→降维→因子分析",打开"因子分析"主对话框,单击箭头 ➡ 将变量"x_1",…,"x_6"置入"变量"框内,如图 12-1 所示。

图 12-1 "因子分析"主对话框

图 12-1"因子分析"主对话框选项说明:
"描述"栏:用于设置基本统计量的计算及所要输出的矩阵,详见图 12-2 选项说明。
"抽取"栏:用于设置计算公因子的方法,详见图 12-3 选项说明。

"旋转"栏:用于设置因子旋转的不同方法及输出因子旋转后的各种模式矩阵及载荷图等。

①"无":不进行因子旋转。系统默认法。

②最大方差法:使用正交旋转方法,将每个有最大负荷的因子的变量数最小化。

③直接 Oblimin 方法:使用直接斜交旋转方法对变量进行旋转。

④最大四次方值法:使用四分旋转方法对变量进行旋转。

⑤最大平衡值法:使用全体旋转方法对变量进行旋转。

⑥Promax:使用斜交旋转方法对变量和因子均进行旋转。

"得分"栏:用于选择因子得分系数的计算方法。

"选项"栏:用于选择对缺失值的处理方法及因子负荷系数的显示格式。系统默认缺失值"按列表排除个案",即当选入多个变量进行分析时,只要其中的某个变量有缺失值,就在所有分析过程中将对应的记录删除。

(2)单击图 12-1 中的"描述"按钮,打开"因子分析:描述统计"对话框,如图 12-2 所示。选择所需项目后(本例选中如图 12-2 所示的五项选项),单击"继续"按钮返回图 12-1 所示对话框。

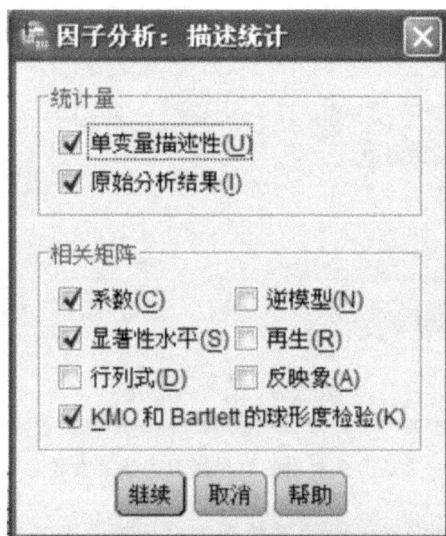

图 12-2 描述统计选项对话框

图 12-2 主成分分析中统计描述对话框主要选项说明:

"统计量"栏:选择输出哪些统计量,有两个复选框。

①单变量描述性:输出每个变量的均数、标准差和样本含量。

②原始分析结果:输出原始分析结果,包括初始公共因子,各因子的特征根及其占相应的特征根总和的百分比和累积百分比(贡献率),是系统默认选项。

"相关矩阵"栏:设置所要输出的矩阵。

①系数:输出初始分析变量间的相关系数矩阵。

②显著性水平:输出所有相关系数单侧显著性检验的 P 值。

③行列式:输出相关系数矩阵的行列式。

④KMO 和 Bartlett 的球形度检验:输出对采样充足度的 Kaiser-Meyer Olkin 检验的结果,检验变量间的偏相关是否很小;Bartlett 球形检验则用来检验相关矩阵的显著性。

⑤逆模型:输出相关系数矩阵的逆矩阵。

⑥再生:输出因子分析后估计的相关矩阵,残差(即原始相关系数与因子分析后的相关系数之间的差值)。

⑦反映象:输出反象相关矩阵,包括偏相关系数的负数,偏方差的负数的反象协方差矩阵。

(3)单击图 12-1 中的"抽取"按钮,打开主成分分析中的信息提取的参数设置"因子分析:抽取"对话框,选择所需项目后(如图 12-3 所示),单击"继续"按钮返回图 12-1,单击"确定"按钮,输出表 12-1～表 12-5 和图 12-4。

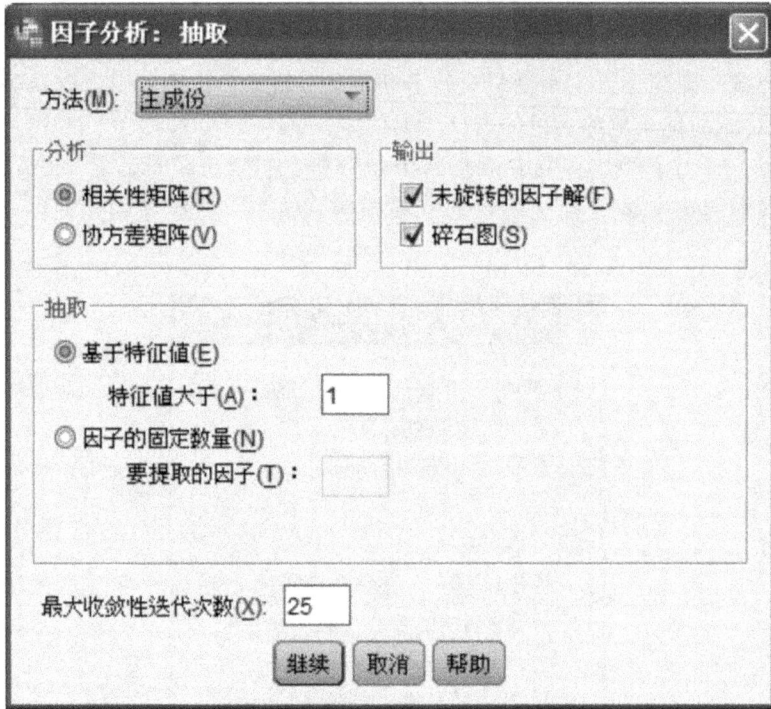

图 12-3　主成分分析中的信息提取的参数设置选项对话框

图 12-3 主成分分析中的信息提取的参数设置对话框主要选项说明:

"方法"下拉菜单:提供了 7 种用于选择公因子的提取方法,一般选取系统默认的"主成分"分析法 。

"分析"栏:用于选择计算公因子的矩阵,有两个选择。

①相关性矩阵(系统默认):使用变量间的相关矩阵作为提取公因子的依据,一般选择此项即可。

②协方差矩阵:使用变量间的协方差矩阵作为提取公因子的依据。

"抽取"栏:用来设定公因子(主成分)的提取标准。

①基于特征值(系统默认):以特征根的值大于某数值为提取标准,系统默认为 1,即选取特征根大于 1 的所有特征值对应的主成分。

②因子的固定数量:自定义提取主成分的个数,如果在其后的矩形框内键入 2,表示选两个主成分。

"输出"栏:用于选择与因子提取有关的输出选项。

①未旋转的因子解(系统默认):显示未经旋转变换因子的提取结果。

②碎石图:作特征根与因子相互关系的碎石图。

"最大收敛性迭代次数"输入框:指定因子提取算法收敛的最大迭代次数,系统默认值为25。

主成分分析中的信息提取的参数设置通常按系统默认即可。

表 12-1 各变量基本统计量

描述统计量	均值	标准差	分析 N
x_1	34.386 5	0.546 20	20
x_2	19.522 5	0.519 30	20
x_3	18.980 5	0.500 75	20
x_4	18.607 0	0.449 69	20
x_5	11.735 5	0.553 51	20
x_6	12.333 0	0.588 91	20

表 12-2 闽南公火鸡 6 个体型指标间的相关系数矩阵

相关矩阵		x_1	x_2	x_3	x_4	x_5	x_6
相关	x_1	1.000	0.655	0.059	0.764	0.047	0.233
	x_2	0.655	1.000	0.066	0.681	−0.276	−0.140
	x_3	0.059	0.066	1.000	0.430	−0.162	0.217
	x_4	0.764	0.681	0.430	1.000	−0.286	0.085
	x_5	0.047	−0.276	−0.162	−0.286	1.000	0.466
	x_6	0.233	−0.140	0.217	0.085	0.466	1.000
Sig.(单侧)	x_1		0.001	0.402	0.000	0.422	0.161
	x_2	0.001		0.392	0.000	0.119	0.279
	x_3	0.402	0.392		0.029	0.247	0.179
	x_4	0.000	0.000	0.029		0.111	0.361
	x_5	0.422	0.119	0.247	0.111		0.019
	x_6	0.161	0.279	0.179	0.361	0.019	

表 12-3 KMO 和 Bartlett 球形度的检验

取样足够度的 Kaiser—Meyer—Olkin 度量		0.540
Bartlett 的球形度检验	近似卡方	47.927
	df	15
	Sig.	0.000

表 12-4 各公因子方差比

	初始	提取
x_1	1.000	0.908
x_2	1.000	0.826
x_3	1.000	0.930
x_4	1.000	0.913
x_5	1.000	0.813
x_6	1.000	0.823

提取方法:主成分分析。

表 12-5　各变量的特征根及相应的贡献率(总方差)

成分	初始特征值			提取平方和载入		
	合计	方差的%	累积%	合计	方差的%	累积%
1	2.547	42.455	42.455	2.547	42.455	42.455
2	1.561	26.023	68.478	1.561	26.023	68.478
3	1.105	18.415	86.893	1.105	18.415	86.893
4	0.407	6.777	93.670			
5	0.275	4.578	98.249			
6	0.105	1.751	100.000			

提取方法:主成分分析。

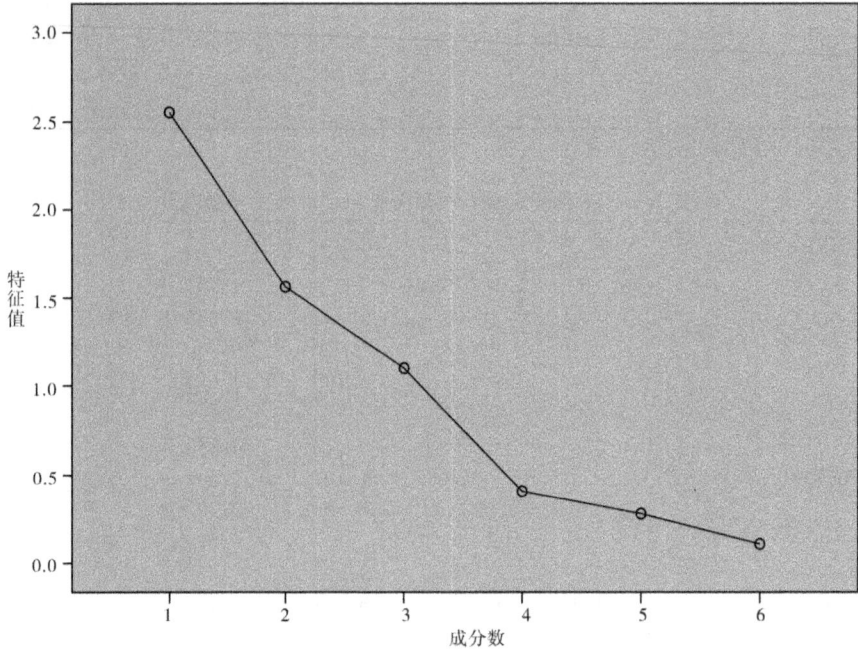

图 12-4　碎石图

(4)对输出的结果计算主成分值(详见后)。

(三)结果说明

(1)表 12-1 输出各变量的均值、标准差和样本取值个数。

(2)表 12-2 是闽南公火鸡 6 个体型指标间的相关矩阵及相应的单侧 P 值(Sig.),从中可以了解各性状之间的两两相关系数及其显著性。

(3)表 12-3 给出了 KMO 检验和 Bartlett 球形度检验结果。本例中 KMO 值为 0.540,一般而言 KMO 统计量大于 0.9 时作因子分析效果最佳,0.7 以上的效果尚可,0.6 效果很差,0.5 以下不宜进行主成分分析。Bartlett 球形度检验统计量的 P(Sig.)<0.01,由此否定相关矩阵为单位阵的零假设,即认为各变量之间存在着显著的相关性,这与表 12-2 相关系数阵得出的结论一致。

(4)表 12-4 列出各公因子方差比,即按照所选标准提取相应数量主成分后,各变量中信息分别被提取出的比例。从表中可见,6个变量的提取量都达80%以上,说明所有变量的信息都提取得比较充分。

(5)表12-5左边给出了所有特征值及其占相应的特征总值的百分比(贡献率)和累计百分比(从大到小的次序排列)。特征值的大小反映了公因子的方差贡献。例如第一个主成分特征值为2.547,占特征值总和的42.455%,累计贡献率为42.455%;第二个主成分特征值为1.561,占特征值总和的26.023%,累计贡献率为68.478%。表12-5右边给出了第一、第二和第三主成分的贡献率分别为42.455%、26.023%和18.415%,三者累计贡献率为86.898%,已达到85%以上,故而提取这三个主成分就能够比较好地解释原有变量所包含的信息了。

(6)图12-4是初始特征值的碎石图,实际上是按照特征值大小顺序排列的主成分散点图,可见从第三个公因子后的特征值变化趋缓,故该图从另一侧面说明了只需要提取三个主成分即可。

(7)表12-6给出了三个主成分的因子载荷矩阵。本例按主成分分析法中特征值大于或等于1的原则提取了三个主成分,第一主成分主要包含体斜长(x_1),胸深(x_2),龙骨长(x_4)的信息,它们具有较高的载荷,分别为0.838,0.839,0.948。第二主成分主要包含骨盆宽(x_5),胫长(x_6),第三主成分主要包含胸宽(x_3)。

表 12-6　因子载荷矩阵

成分矩阵[a]	成熟		
	1	2	3
x_1	0.836	0.300	−0.345
x_2	0.839	−0.184	−0.298
x_3	0.373	0.162	0.875
x_4	0.948	0.045	0.110
x_5	−0.321	0.785	−0.308
x_6	0.058	0.891	0.161

提取方法:主成分。

a:已提取了3个成分。

(8)计算主成分

①将表12-6因子载荷矩阵中的数据输入SPSS数据编辑器窗口,3个变量名分别命名为$a1,a2$和$a3$。

②计算特征向量矩阵,其公式为:$t_{ij} = \dfrac{a_{ij}}{\sqrt{\lambda_i}}$。

其中a_{ij}为载荷阵的元素,λ_i为其对应的特征值。

SPSS操作步骤:依次单击主菜单"转换→计算变量"命令,打开图12-5所示的"计算变量"对话框。在"目标变量"框输入第一主成分特征向量名"t1",在"数字表达式"框输入表达式"a1/SQRT(2.547)",单击"确定"按钮,即可在数据编辑器窗中得到变量名为t1的第一特征向量。再次打开图12-5"计算变量"对话框,在"目标变量"框输入"t2","数字表达式"框输入"a2/SQRT(1.561)"单击"确定"按钮,得到变量名为t2的第二特征向量。同法计算变量名为t3,表达式为"a3/SQRT(1.105)"的第三特征向量,得到图12-6所示的特征向量矩阵。

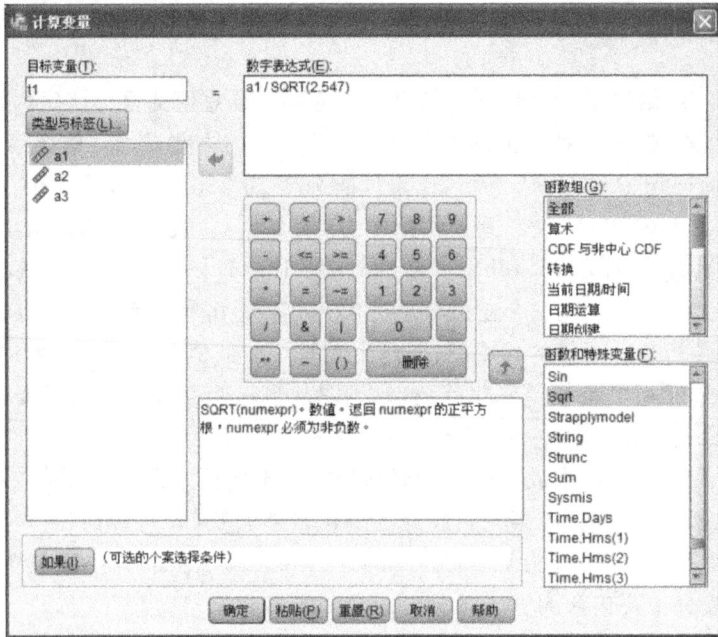

图 12-5　"计算变量"对话框

	t1	t2	t3
1	.52	.24	-.33
2	.53	-.15	-.28
3	.23	.13	.83
4	.59	.04	.10
5	-.20	.63	-.29
6	.04	.71	.15

图 12-6　特征向量矩阵

根据图 12-6 所示的特征向量矩阵得到主成分表达式：

$$y_1 = 0.52x_1 + 0.53x_2 + 0.23x_3 + 0.59x_4 - 0.20x_5 + 0.04x_6；$$
$$y_2 = 0.24x_1 - 0.15x_2 + 0.13x_3 + 0.04x_4 + 0.63x_5 + 0.71x_6；$$
$$y_3 = -0.33x_1 - 0.28x_2 + 0.83x_3 + 0.10x_4 - 0.29x_5 + 0.15x_6。$$

③计算主成分。由于主成分的计算是直接从相关系数矩阵出发的,所以主成分表达式中的 $x_1 \sim x_6$ 应该是经过标准化变换后的标准变量。计算主成分之前必须对原始变量进行标准化。

SPSS 操作步骤:打开原始数据编辑器窗口,依次单击"描述统计→描述"命令,打开图12-7所示的"描述性"对话框,单击箭头 ，把原始变量 $x_1 \sim x_6$ 全部置入"变量"框,勾选"将标准化得分另存为变量(Z)",单击"确定"按钮,即可在数据编辑器窗口得到以变量名分别为 $Zx_1 \sim Zx_6$ 的标准化变量。再单击"转换→计算变量"命令,打开图 12-5 所示的对话框,分别在"目标变量"框输入 y_1、y_2、y_3,分别在"数字表达式"框输入以下表达式:

$$y_1 = 0.52 * Zx_1 + 0.53 * Zx_2 + 0.23 * Zx_3 + 0.59 * Zx_4 - 0.20 * Zx_5 + 0.04 * Zx_6;$$

$$y_2 = 0.24 * Zx_1 - 0.15 * Zx_2 + 0.13 * Zx_3 + 0.04 * Zx_4 + 0.63 * Zx_5 + 0.71 * Zx_6;$$

$$y_3 = -0.33 * Zx_1 - 0.28 * Zx_2 + 0.83 * Zx_3 + 0.10 * Zx_4 - 0.29 * Zx_5 + 0.15 * Zx_6。$$

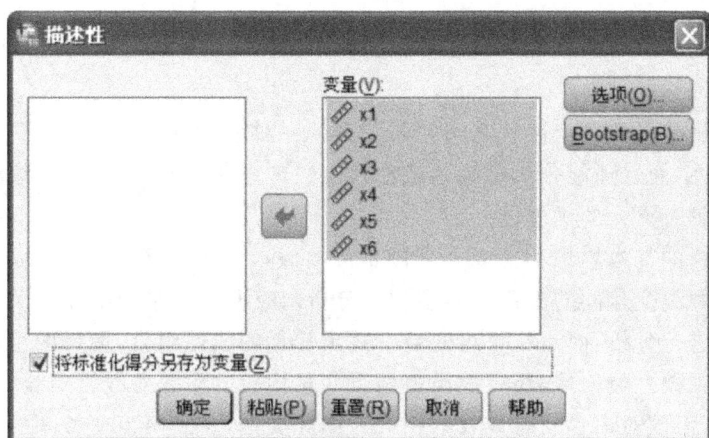

图 12-7 "描述性"对话框

计算得到三个主成分,如图 12-8 所示。

y1	y2	y3
-.05	-1.14	-1.34
1.00	-.18	-.27
2.17	.84	-2.21
-3.65	.93	-.98
.55	-1.18	1.26
.14	1.79	.87
-.24	-1.36	-1.02
.00	.56	1.52
.76	1.84	-.11
-2.51	-.41	-.63
-2.03	-.21	-.22
-.59	-.62	-.34
.16	1.65	-.79
.65	-1.30	.82
-1.13	-.20	1.54
-.46	1.79	.49
.13	-1.92	-.28
-.36	-1.10	1.50
2.37	1.43	.63

图 12-8 主成分表

第十三章 典型相关分析

　　典型相关分析是研究两组性状之间相关关系的一种多元统计方法,它不但能揭示性状组间的多元相关关系,而且还能分析影响两组性状相关的主要变量,因而较传统的简单相关分析与多元相关分析具有更大的优越性。

　　典型相关分析的基本思想和主成分分析非常类似,不过主成分考虑的是一组变量,而典型相关考虑的是两组变量间的关系。典型相关分析研究两组变量间的相关关系不是对两组变量一对一地直接进行分析,而是在每组变量中找出变量的线性组合,使得两组的线性组合之间具有最大的相关系数。类似地,还可找出由两组变量构成的第二对线性组合,该组合与第一对线性组合不相关,但该对组合间有最大的相关。如此类推,直到两组变量间的相关性被提取完毕。被选出的线性组合称为典型变量,从而实现了降维和简化分析过程,它们的相关系数称为典型相关系数。典型相关系数度量了这两组变量之间联系的强度。

　　典型相关分析的基本步骤:

　　(1)根据分析目的建立原始矩阵

　　设有两组分别进行了 n 次观测的变量 $X=\{x_1,x_2,\cdots,x_p\}$ 和 $y=\{y_1,y_2,\cdots,y_q\}$,构成数据矩阵(X,Y):

$$[X,Y]=\begin{bmatrix} x_{11} & x_{12} & \cdots & x_{1p} & y_{11} & y_{12} & \cdots & y_{1q} \\ x_{21} & x_{22} & \cdots & x_{2p} & y_{21} & y_{22} & \cdots & y_{2q} \\ \cdots & \cdots & \cdots & \cdots & \cdots & \cdots & \cdots & \cdots \\ x_{n1} & x_{n2} & \cdots & x_{np} & y_{n1} & y_{n2} & \cdots & y_{nq} \end{bmatrix}$$

　　(2)对原始数据进行标准化变化并计算相关系数矩阵

$$R=\begin{bmatrix} R_{11} & R_{12} \\ R_{21} & R_{22} \end{bmatrix}$$

　　其中 R_{11},R_{22} 分别为第一组变量和第二组变量的相关系数阵,$R_{12}=R'_{21}$ 为第一组变量和第二组变量的相关系数。

　　(3)求典型相关系数和典型变量

　　计算矩阵 $A=R_{11}^{-1}R_{12}R_{22}^{-1}R_{21}$ 以及矩阵 $B=R_{22}^{-1}R_{21}R_{11}^{-1}R_{12}$ 的特征值和特征向量,分别得典型相关系数和典型变量。

　　(4)检验各典型相关系数的显著性

　　在 SPSS 主菜单的统计分析中没有典型相关分析的专门菜单项,但 SPSS 配有已编写好的典型相关分析的源程序,其文件名为 Canonical Correlation. sps,一般放在"SPSS\samples\English"目录中,可以在语句窗口中调用,不同分析资料稍加改写即可。此法使用简单,而输出的结果又非常详细。

　　例 13.1　10 头母猪的体尺性状和繁殖性状指标见表 13-1,第一组为母猪的体尺性状,包括体重(x_1)、胸围(x_2)、腹围(x_3)。第二组为繁殖性状,包括仔猪产活仔数(y_1)、仔猪初生个体重（y_2）。试对这两组性状作典型相关分析。

表 13-1　10 头母猪的体尺性状和繁殖性状

	x_1	x_2	x_3	y_1	y_2
1	99.5	99.7	127.5	9	1.19
2	100.0	100.1	130.4	12	1.16
3	98.0	98.7	127.4	8	1.25
4	101.0	110.2	134.1	14	1.27
5	99.0	105.0	133.1	13	1.24
6	102.0	111.0	134.2	14	1.28
7	99.1	98.0	126.4	7	1.21
8	98.0	97.0	120.0	6	1.34
9	102.4	111.5	135.4	15	1.14
10	99.9	99.7	128.1	9	1.35

一、数据输入

单击数据编辑器窗口底部的"变量视图"标签,进入"变量视图"窗口,命名五个变量:"x_1"、"x_2"、"x_3"、"y_1"、"y_2",分别代表体重、胸围、腹围、产活仔数、初生个体重。小数位依资料分别定义为 1、1、1、0、2。单击数据编辑器窗口底部的"数据视图"标签,进入"数据视图"窗口,按图 13-1 的格式输入数据。

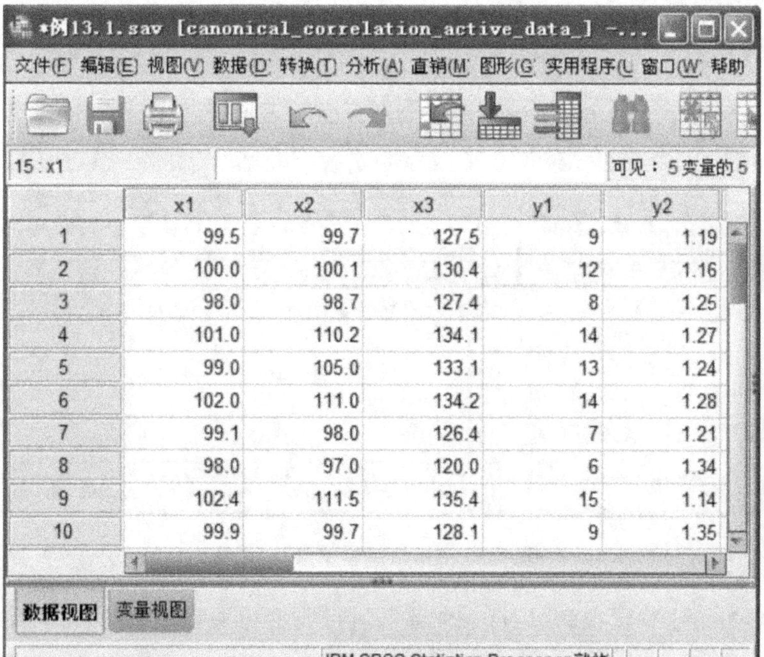

图 13-1　例 13.1 数据输入格式

二、统计分析

(一)简明分析步骤

文件→新建→语法	打开语法编辑视窗
在语法编辑视窗键入程序:	
INCLUDE'd:\SPSS\Samples\English\	调用源程序,使用时改为各自相应的安装
Canonical correlation. sps'	目录
cancorr set1＝$x1$ $x2$ $x3$/	列出第一组变量(体尺性状 x_1、x_2、x_3)
set2＝$y1$ $y2$/.	列出第二组变量(繁殖性状 y_1、y_2)
运行→全部	运行上述程序,进行典型相关分析

(二)分析过程说明

(1)依次单击主菜单"文件→新建→ 语法",打开"语法编辑视窗"对话框,在语法编辑视窗键入典型相关分析程序,如图 13-2 所示。输入时要注意"Canonical correlation. sps"程序所在的根目录。典型相关程序不能读取中文变量名,故变量名必须为英文。程序最后的"."表示整个语句结束,不能遗漏。

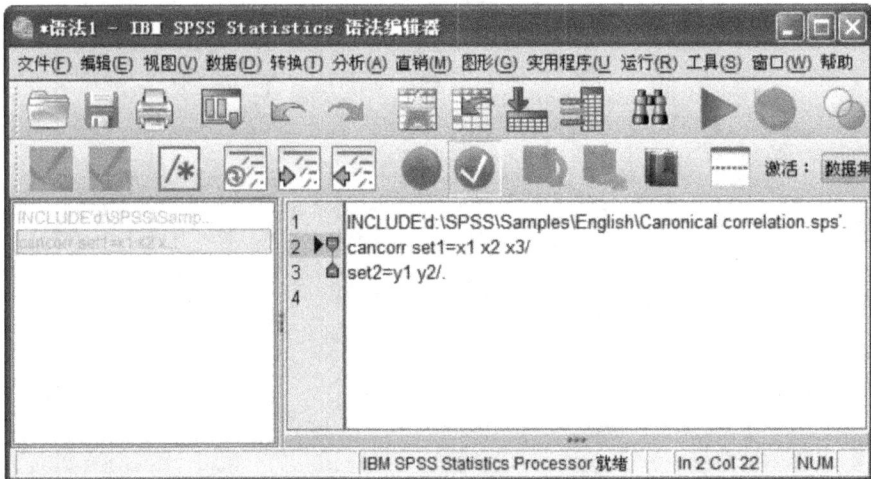

图 13-2 "语法编辑视窗"对话框

(2)依次单击语法编辑视窗"运行→全部",运行典型相关程序,即得出典型相关分析结果(表 13-2)。

表 13-2　典型相关分析结果

(1)

```
Run MATRIX procedure：
Correlations for Set-1
          x1        x2        x3
x1    1.0000    0.8702    0.8023
x2    0.870 2   1.000 0   0.883 8
x3    0.802 3   0.883 8   1.000 0

Correlations for Set-2
          y1        y2
y1    1.000 0   −0.382 9
y2   −0.382 9   1.000 0
```

(2)

```
Correlations Between Set-1 and Set-2
          y1        y2
x1    0.831 0   −0.318 8
x2    0.922 5   −0.211 9
x3    0.955 6   −0.425 2
```

(3)

```
Canonical Correlations
1       0.970
2       0.500
```

(4)

```
Test that remaining correlations are zero：
      Wilk's    Chi-SQ    DF       Sig.
1     0.044     18.735    6.000    0.005
2     0.750     1.724     2.000    0.422
```

(5)

```
Standardized Canonical Coefficients for Set-1
          1         2
x1    −0.023    −0.871
x2    −0.364     2.547
x3    −0.643    −1.708

Raw Canonical Coefficients for Set-1
          1         2
x1    −0.015    −0.574
x2    −0.063     0.440
x3    −0.136    −0.361
```

续表

Standardized Canonical Coefficients for Set-2		
	1	2
y1	−1.006	0.400
y2	−0.016	1.082

Raw Canonical Coefficients for Set-2		
	1	2
y1	−0.308	0.122
y2	−0.229	15.408

(6)

Canonical Loadings for Set-1		
	1	2
x1	−0.856	−0.026
x2	−0.953	0.279
x3	−0.984	−0.157

Cross Loadings for Set-1		
	1	2
x1	−0.831	−0.013
x2	−0.925	0.139
x3	−0.955	−0.078

(7)

Canonical Loadings for Set-2		
	1	2
y1	−1.000	−0.015
y2	0.369	0.929

Cross Loadings for Set-2		
	1	2
y1	−0.970	−0.007
y2	0.358	0.464

(8)

Redundancy Analysis:

Proportion of Variance of Set-1 Explained by Its Own Can. Var.

	Prop Var
CV1-1	0.870
CV1-2	0.034

Proportion of Variance of Set-1 Explained by Opposite Can. Var.

	Prop Var
CV2-1	0.819
CV2-2	0.009

续表

```
Redundancy Analysis：
Proportion of Variance of Set-2 Explained by Its Own Can. Var.
         Prop Var
CV2-1    0.568
CV2-2    0.432

Proportion of Variance of Set-2 Explained by Opposite Can. Var.
         Prop Var
CV1-1    0.535
CV1-2    0.108
——END MATRIX——
```

三、结果说明

表 13-2(1)为输出两组变量内部各自的相关矩阵，即 3 个体尺性状之间的相关系数和 2 个繁殖性状间的相关系数。

表 13-2(2)为输出两组变量间各变量的两两相关系数。

表 13-2(3)为输出提取的两个典型相关系数(Canonical Correlations)，可见第一典型相关系数为 0.970，第二典型相关系数为 0.500。

表 13-2(4)为输出典型相关系数显著性检验结果，从左至右分别为 Wilk's 的统计量、卡方统计量、自由度和伴随概率。从表中可见第一典型相关系数有极显著意义($P=0.005<0.01$)，而第二典型相关系数无显著意义($P=0.422>0.05$)。

表 13-2(5)为输出各典型变量分别与变量组 1 和变量组 2 中各变量间的标准化(Standardized Canonical Coefficients)与未标准化(Raw Canonical Coefficients)的系数列表，由于本例中数据单位不统一，所以主要通过观察标准化的典型变量的系数来分析两组变量的相关关系。从表 13-2(5)可写出来自母猪体尺性状的第一典型变量 U_1 为：

$$U_1 = -0.023x_1 - 0.364x_2 - 0.643x_3。$$

来自繁殖性状的第一典型变量 V_1 为：

$$V_1 = -1.006y_1 - 0.016y_2。$$

典型变量中各变量权重大小表示对典型性状值影响的重要程度，从有极显著统计意义的第 1 对典型变量的构成可以看出，U_1 中以母猪腹围 x_3 的系数 -0.643 的绝对值最大，V_1 中以产活仔数 y_1 的系数 -1.006 的绝对值最大。说明第 1 对典型变量的显著相关主要由母猪的腹围和仔猪的产活仔数的密切相关所引起。同时由于两个典型变量中母猪腹围和仔猪产活仔数的系数是同号的(都为负)，反映了两者关系是正相关的，即母猪腹围越大，产活仔数越多。

表 13-2(6)为输出第一变量组中各变量分别与自身、第二变量组的典型变量之间的相关系数，可见它们主要与第一对典型变量的关系比较密切。

表 13-2(7)为输出第二变量组中各变量分别与自身、第一变量组的典型变量的相关系数。

表 13-2(8)分别为输出两组典型变量的冗余度(Redundancy)分析结果，表中给出的四组

数据分别表示各典型相关系数的变异能被它们自身(Its Own)与相对(Opposite)的典型变量所解释的比例,可以用来辅助判断需要保留多少个的典型相关系数。从典型冗余分析可见,第一组变量中,母猪体尺体状变量被自身的典型变量解释的方差比例,第一典型变量解释了总变异的87.0%,而第二对典型变量只能解释3.4%;母猪体尺性状变量被繁殖性状变量的典型变量解释的方差比例,第一典型变量解释了总变异的81.9%,而第二对典型变量只能解释0.9%。第二组变量中繁殖性状变量被自身的典型变量所解释的比例,第一、第二对典型变量分别为56.8%和43.2%;繁殖性状变量被母猪体尺性状变量的典型变量所解释的比例,第一、第二对典型变量分别为53.5%和10.8%。综合上述冗余分析结果,可见第二对典型变量的贡献非常小,只需保留第一对典型变量即可。

第十四章　Excel 常用生物统计功能简介

Excel 是微软公司出品的 Office 系列办公软件中的一个重要组件，虽然不是专门的统计软件，但其具有丰富的统计分析功能，界面中文表述，操作简易，可以利用其内置的"分析工具库"进行生物统计中常用的描述统计分析、t 检验、方差分析、回归分析和次数分布表与直方图的编制等。

一、分析工具库

（一）分析工具库的安装及运行

Excel 中的分析工具库是以插件的形式加载的，因此使用之前必须安装后才可以使用。安装及运行分析工具库的步骤随 Microsoft Office 的版本不同而异，现分述如下。

1. Microsoft Office 2003

（1）依次单击主菜单"工具→加载宏"菜单项，打开图 14-1"加载宏"对话框。

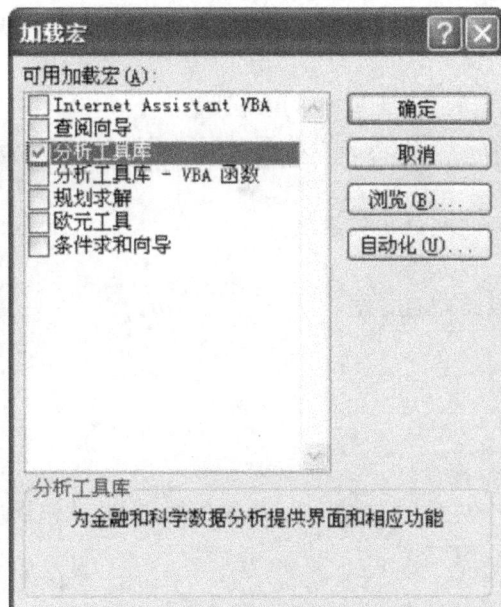

图 14-1　"加载宏"对话框

(2)在"加载宏"对话框中选中"分析工具库"复选框,再单击"确定"按钮,即可完成"分析工具库"插件的安装。在"工具"菜单中将出现"数据分析"条目。

(3)在"工具"的下拉菜单中单击"数据分析"选项,即可打开"数据分析"对话框(图 14-2)。

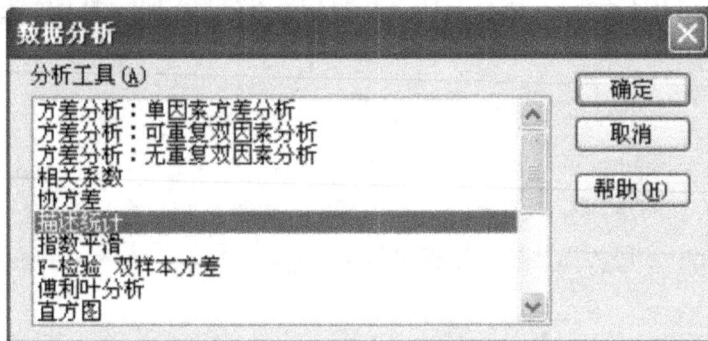

图 14-2 "数据分析"对话框

2. Microsoft Office 2007 以上版本

(1)依次单击主菜单"文件→选项"菜单项,打开"Excel 选项"对话框。

(2)在"Excel 选项"对话框中单击"加载项"打开复选框,选中"分析工具库"条目,再单击"确定"按钮,即可完成"分析工具库"插件的安装。

(3)依次单击主菜单的"数据→数据分析"命令,即可打开"数据分析"对话框(图 14-2)。

(二)分析工具库的主要统计分析方法

分析工具库主要统计分析方法有:

(1)方差分析:单因素方差分析、交叉分组有重复双因素方差分析、交叉分组无重复双因素方差分析。

(2)描述统计:计算平均数、标准差等常用统计量。

(3)t 检验:配对资料的 t 检验、等方差非配对资料的 t 检验、异方差非配对资料的 t 检验、双样本均数的 z 检验。

(4)计算多个变量两两之间的相关系数。

(5)线性回归分析。

(6)编制次数分布表及绘制直方图。

二、描述统计分析

例 14.1 测量了 10 个鸡蛋的长、宽、重,数据见图 14-3,试作描述统计分析。

(一)数据输入

进入 Excel 工作表,将数据按列输入到电子表格上(见图 14-3)。

	A	B	C
1	蛋长mm	蛋宽mm	蛋重g
2	56.72	48.42	53.21
3	54.32	48.14	52.87
4	53.38	47.36	50.34
5	55.36	48.22	53.23
6	52.22	46.28	50.12
7	52.56	46.12	50.01
8	53.52	47.22	50.14
9	54.14	48.24	53.13
10	53.24	47.46	52.12
11	52.18	46.12	50.11

图 14-3 例 14.1 数据

(二)分析步骤

(1)打开"数据分析"对话框,选定"描述统计",单击"确定"按钮,打开"描述统计"对话框,如图 14-4 所示。

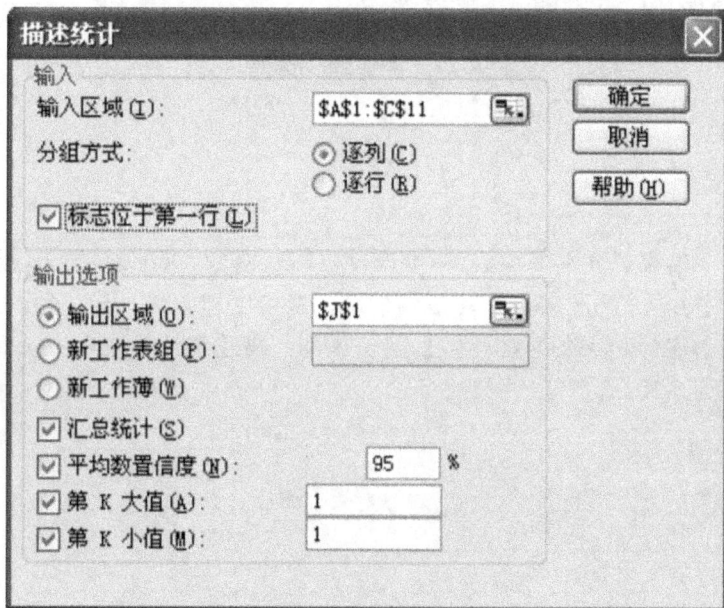

图 14-4 "描述统计"对话框

(2)在"输入区域(I)"输入鸡蛋的长、宽、重数据,输入方法:点中输入区域的空白框,再从电子表格数据开始的单元格 A1 拖动鼠标至结尾单元格 C11,此时数据的区域(＄A＄1:＄C＄11)自动进入输入区域。也可直接在输入区域(I)的空白框处直接键入＄A＄1:＄C＄11。

(3)分组方式依数据排列方式选定"逐列",选定"标志位于第一行"(输入区域内含有分组标记),根据需要选择描述性统计量,如"汇总统计"、"平均数置信度"等。选中"输出区域",单击该区域框,再点击电子表格的某空白单元格(本例为 $J$1),以便显示计算结果,然后单击"确认"按钮,输出基本统计量(图 14-5)。

	J	K	L	M	N	O
	蛋长mm		蛋宽mm		蛋重g	
平均		53.764	平均	47.358	平均	51.528
标准误差		0.45411501	标准误差	0.289005	标准误差	0.472337
中位数		53.45	中位数	47.41	中位数	51.23
众数		#N/A	众数	46.12	众数	#N/A
标准差		1.43603776	标准差	0.913915	标准差	1.493659
方差		2.06220444	方差	0.83524	方差	2.231018
峰度		0.64587056	峰度	-1.56986	峰度	-2.35142
偏度		0.96164171	偏度	-0.37236	偏度	0.122264
区域		4.54	区域	2.3	区域	3.22
最小值		52.18	最小值	46.12	最小值	50.01
最大值		56.72	最大值	48.42	最大值	53.23
求和		537.64	求和	473.58	求和	515.28
观测数		10	观测数	10	观测数	10
最大(1)		56.72	最大(1)	48.42	最大(1)	53.23
最小(1)		52.18	最小(1)	46.12	最小(1)	50.01
置信度(95	1.02727953	置信度(95	0.653775	置信度(95	1.068499

图 14-5 描述统计量表

(三)结果说明

描述统计量表给出了算术平均数、标准误、中位数、众数、标准差、方差、峰度、偏度、最大值、最小值、总和、样本含量及 95% 平均数置信度。置信度即置信半径,平均数加上或减去置信半径就得到置信度为 95% 的总体均数的置信区间。描述统计量表中蛋长和蛋重的众数由于不存在而显示为#N/A。

三、t 检验

(一)配对资料的 t 检验

例 14.2 10 只家兔接种某种疫苗前后的体温变化见图 14-6,试检验接种前后体温是否有显著差异。

1. 数据输入

进入 Excel 工作表,将数据按列输入到电子表格上(见图 14-7)。

	A	B
1	接种前	接种后
2	38	38.4
3	38.2	38.5
4	38.2	38.5
5	38.4	38.8
6	38.4	38.9
7	38.1	38.5
8	38.1	38.7
9	38.2	38.5
10	38.5	38.5
11	38.3	39

图 14-6 例 14.2 数据输入格式

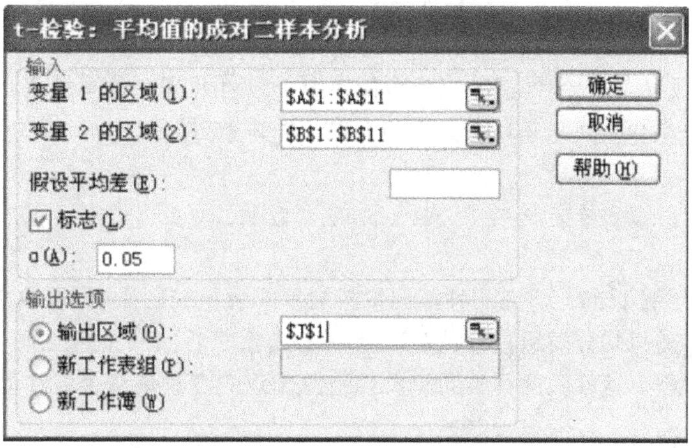

图 14-7 配对 t 检验对话框

2. 分析步骤

(1)打开“数据分析”对话框，选定“t 检验：平均值的成对二样本分析”，单击“确定”按钮，打开配对 t 检验对话框，如图 14-7 所示。

(2)在变量 1 的区域输入接种前数据(A 列)，输入方法是：点中变量 1 区域的空白框，再从电子表格该列数据开始的单元格 A1 拖动鼠标至结尾单元格 A11，此时接种前数据的区域($A$1：$A$11)自动进入变量 1 的区域。也可直接在变量 1 的区域键入 $A$1：$A$11。用同样的方法把接种后数据(B 列)输入到变量 2 的区域($B$1：$B$11)。

(3)选定“标志”项(输入区域内含有分组标记)，选中“输出区域”，单击该区域框，再单击电子表格的某空白单元格(本例为 $J$1)，以便显示计算结果，然后单击“确认”按钮，输出计算结果见图 14-8。

t-检验：成对双样本均值分析

	接种前	接种后
平均	38.24	38.63
方差	0.024889	0.042333
观测值	10	10
泊松相关系数	0.472381	
假设平均差	0	
df	9	
t Stat	-6.45042	
P(T<=t) 单尾	5.9E-05	
t 单尾临界	1.833113	
P(T<=t) 双尾	0.000118	
t 双尾临界	2.262157	

图 14-8 配对 t 检验结果

3. 结果说明

从图 14-8 可见接种前后平均数分别为 38.24 和 38.63,方差(S^2)分别为 0.025 和 0.042, $t=-6.450\,42$,df(自由度)=9,双尾概率 $P=0.000\,118<0.01$,可以认为接种前后兔子体温有极显著差异,即接种疫苗可使体温极显著升高。计算结果还给出了双尾临界值和单尾概率 $P=0.000\,059$、单尾临界值和泊松相关系数(即 Pearson 相关系数)。

(二)等方差非配对资料的 t 检验

例 14.3 研究两种不同饵料对罗非鱼生长的影响,选取水质、体积等基本相同的 14 个鱼池,随机均分两组进行试验。经一定试验期后的产鱼量见图 14-9(有一鱼池遭遇意外而缺失数据)。试检验两种不同饵料养殖罗非鱼的产鱼量是否存在显著差异。

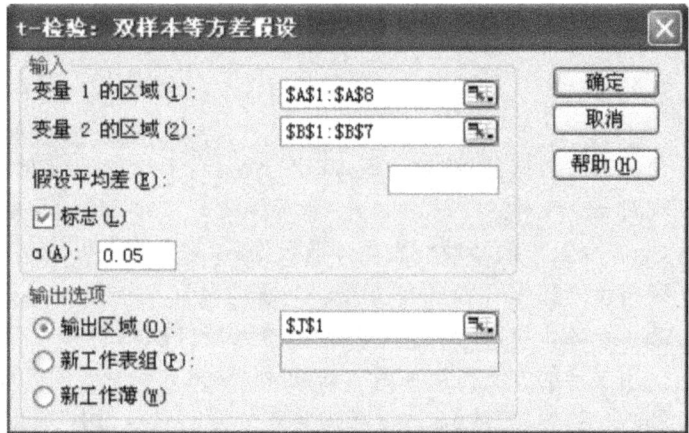

图 14-9 例 14.3 数据   图 14-10 等方差非配对 t 检验对话框

1. 数据输入

进入 Excel 工作表,将数据按列输入到电子表格上(见图 14-9)。

2. 分析步骤

(1)打开"数据分析"对话框,选定"t 检验:双样本等方差假设",单击"确定"按钮,打开对话框,如图 14-10 所示。

(2)在变量 1 的区域输入 A 料数据(A 列),输入方法是:点中变量 1 区域的空白框,再从电子表格该列数据开始的单元格 A1 拖动鼠标至结尾单元格 A8,此时 A 料数据的区域($A$1:$A$8)自动进入变量 1 的区域,也可直接在变量 1 的区域键入 $A$1:$A$8。用同样的方法把 B 料数据(B 列)输入到变量 2 的区域($B$1:$B$7)。

(3)选定"标志"项(输入区域内含有分组标记),选中"输出区域",单击该区域框,再单击电子表格的某空白单元格(本例为 $J$1),然后单击"确认"按钮,输出计算结果见图 14-11。

t-检验：双样本等方差假设		
	A料	B料
平均	561.8571	612.5
方差	900.8095	529.9
观测值	7	6
合并方差	732.2143	
假设平均差	0	
df	11	
t Stat	-3.36397	
P(T<=t) 单尾	0.00316	
t 单尾临界	1.795885	
P(T<=t) 双尾	0.006319	
t 双尾临界	2.200985	

图 14-11 等方差非配对 t 检验结果

3. 结果说明

检验结果表明 $t=-3.36397$，双尾概率 $P=0.006319<0.01$，可以认为两种不同饵料对产鱼量的影响达到极显著水准。

（三）单个总体均数的假设检验

例 14.4 母猪的怀孕期为 114 d，今抽测 10 头母猪的怀孕期分别为 116、115、113、112、114、117、115、116、114、113 d，试检验所得样本的平均数与总体平均数 114 d 有无显著差异。

1. 数据输入

进入 Excel 工作表，将数据按列输入到电子表格上（见图 14-12）。

	A	B	C	D	E
1	116		列1		
2	115				
3	113		平均	114.5	
4	112		标准误差	0.5	
5	114		中位数	114.5	
6	117		众数	116	
7	115		标准差	1.581139	
8	116		方差	2.5	
9	114		峰度	-0.89524	
10	113		偏度	0	
11			区域	5	
12			最小值	112	
13			最大值	117	
14			求和	1145	
15			观测数	10	
16			置信度(95.0%)	1.131079	
17					

图 14-12 10 头母猪怀孕期数据及描述性统计量

2.分析步骤

(1)打开"数据分析"对话框,选定"描述统计",单击"确定"按钮,打开"描述统计"对话框。

(2)在"输入区域(I)"输入 10 头母猪的怀孕天数,输入方法:点中输入区域的空白框,再从电子表格数据开始的单元格 A1 拖动鼠标至结尾单元格 A10,此时数据的区域($A$1:$A$10)自动进入输入区域。也可直接在输入区域(I)的空白框处直接键入$A$1:$A$10。

(3)分组方式依数据排列方式选定"逐列",在选项中选定"汇总统计"、"平均数置信度"。选中"输出区域",单击该区域框,再单击电子表格的某空白单元格(本例为$C$1),以便显示计算结果,然后单击"确认"按钮,输出基本统计量(图 14-12)。

3.结果说明

根据置信区间与显著性检验的关系,当假设的总体均数落在根据样本平均数所求出的置信度为 $1-\alpha$ 的总体均数的置信区间以外时,就表明在显著水平为 α 时,样本所在的总体均数与假设的总体均数差异显著。从图 14-12 可见,算术平均数和置信半径(图中为置信度)分别为 114.5 和 1.13,算术平均数加上或减去置信半径就得到了置信度为 95% 的总体均数的置信区间为[113.37,115.63],该区间包含了 $\mu_0=114$,表明差异不显著,即该样本所属总体均数与 114 d 没有显著差异。

四、方差分析

(一)单因素方差分析

例 14.5　5 个不同品种猪的育肥试验,后期 30 d 增重(kg)如图 14-13 所示。试比较不同品种对增重有无显著差异。

	A	B	C	D	E	F	G
1	B1	21.5	19.5	20.0	22.0	18.0	20.0
2	B2	16.0	18.5	17.0	15.5	20.0	16.0
3	B3	19.0	17.5	20.0	18.0	17.0	
4	B4	21.0	18.5	19.0	20.0		
5	B5	15.5	18.0	17.0	16.0		

◄ ◄ ► ►◄ \Sheet1 /Sheet2 /Sheet3 /

图 14-13　例 14.5 数据输入格式

1.数据输入

进入 Excel 工作表,将数据按行或按列输入到电子表格上(见图 14-13)。

2.分析步骤

(1)打开"数据分析"对话框,选定"方差分析:单因素方差分析",单击"确定"按钮,打开如图14-14所示对话框。

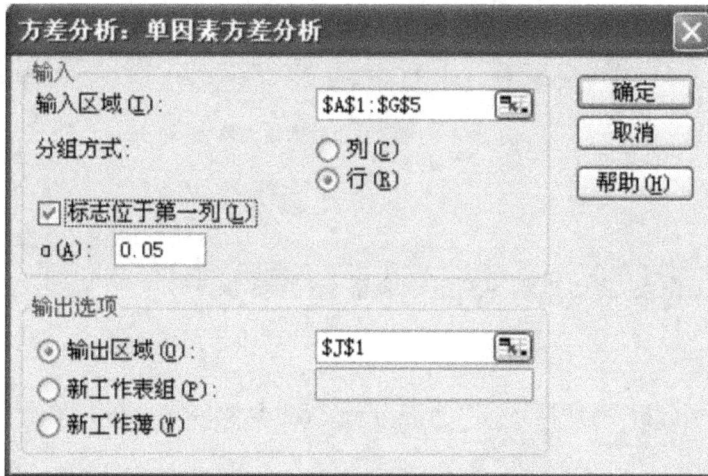

图 14-14　单因素方差分析对话框

(2)在输入区域(I)输入 5 组数据,输入方法是:点中输入区域的空白框,再从电子表格 5 组数据开始的单元格 A1 拖动鼠标至结尾单元格 G5,此时数据的区域($A$1:$G$5)自动进入输入区域。

(3)分组方式依数据排列方式选定"行",选定"标志位于第一列",选中"输出区域",单击该区域框,再单击电子表格的某空白单元格(本例为$J$1),然后单击"确认"按钮,输出各因素的总和、平均数、方差和样本含量表(略),方差分析表 14-1。

表 14-1　5 个品种猪增重的方差分析结果

差异源	SS	df	MS	F	P-value	F-crit
组间	46.498 33	4	11.624 58	5.985 625	0.002 46	2.866 081
组内	38.841 67	20	1.942 083			
总计	85.34	24				

3.结果说明

由表 14-1 可见 $F=5.985625$,$P=0.00246<0.01$,可认为 5 个品种猪增重存在极显著差异,故须进行多重比较(参阅第四章)。F-crit 为 5%显著水平的临界 F 值。

(二)无重复双因素方差分析

例 14.6　为研究雌激素对大白鼠子宫发育的影响,选择 4 窝不同品系(A1,A2,A3,A4)的未成年大白鼠,每窝 3 只,分别注射 3 种剂量的雌激素(B1,B2,B3),然后在相同条件下饲养至成年,称得它们的子宫重量(g),见图 14-15,对试验结果进行方差分析。

图 14-15　例 14.5 数据输入格式

1. 数据输入

进入 Excel 工作表,将数据输入到电子表格上(见图 14-15)。

2. 分析步骤

(1)打开"数据分析"对话框,选定"方差分析:无重复双因素分析",单击"确定"按钮,打开对话框,如图 14-16 所示。

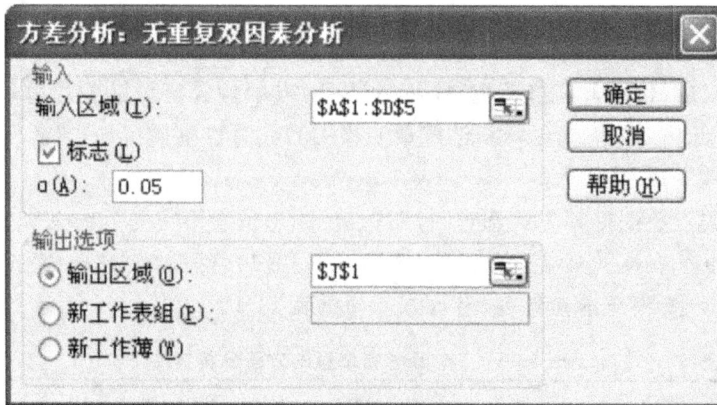

图 14-16　"无重复双因素方差分析"对话框

(2)在输入区域(I)输入数据,输入方法是:点中输入区域的空白框,再从电子表格数据开始的单元格 A1 拖动鼠标至结尾单元格 D5,此时数据的区域($A$1:$D$5)自动进入输入区域。

(3)选定"标志(L)",选中"输出区域",单击该区域框,再单击电子表格的某空白单元格(本例为$J$1),然后单击"确认"按钮,输出各因素的总和、平均数、方差和样本含量表(略),方差分析表 14-2。

表 14-2　不同品系、剂量对子宫重量的方差分析结果

差异源	SS	df	MS	F	P-value	F-crit
行	6 457.667	3	2 152.556	23.770 55	0.000 992	4.757 063
列	6 074	2	3 037	33.537 42	0.000 554	5.143 253
误差	543.333 3	6	90.555 56			
总计	13 075	11				

3.结果说明

由表14-2可见品系的 $F=23.770\ 55,P=0.000\ 992<0.01$，差异极显著；剂量的 $F=33.537\ 42,P=0.000\ 554<0.01$，差异极显著。说明不同品系和不同雌激素剂量对大鼠子宫的发育均有极显著影响，有必要进一步对品系、雌激素剂量两因素不同水平的均值进行多重比较。

（三）有重复双因素方差分析

例14.7　为了研究饲料中钙、磷含量对幼猪生长发育的影响，将钙（A）、磷（B）在饲料中的含量各分4个水平进行交叉分组试验。选择日龄、性别相同，初始体重基本一致的幼猪48头，随机分成16组，每组3头，经2个月试验，幼猪增重情况见图14-17。

	A	B	C	D	E
1		B1	B2	B3	B4
2		22.0	30.0	32.4	30.5
3	A1	26.5	27.5	26.5	27.0
4		24.4	26.0	27.0	25.1
5		23.5	33.2	38.0	26.5
6	A2	25.8	28.5	35.5	24.0
7		27.0	30.1	33.0	25.0
8		30.5	36.5	28.0	20.5
9	A3	26.8	34.0	30.5	22.5
10		25.5	33.5	24.6	19.5
11		34.5	29.0	27.5	18.5
12	A4	31.4	27.5	26.3	20.0
13		29.3	28.0	28.5	19.0

图 14-17　例 14.7 数据输入格式

1.数据输入

进入 Excel 工作表，将数据输入到电子表格上（见图 14-17）。

2.分析步骤

（1）打开"数据分析"对话框，选定"方差分析：可重复双因素分析"，单击"确定"按钮，打开如图 14-18 所示对话框。

（2）在输入区域（I）输入数据，输入方法是：点中输入区域的空白框，再从电子表格数据开始的单元格 A1 拖动鼠标至结尾单元格 E13，此时数据的区域（$A$1:$E$13）自动进入输入区域。

（3）在"每一样本的行数"输入区域键入每组样本重复数"3"，选中"输出区域"，单击该区域框，再单击电子表格的某空白单元格（本例为 $J$1），然后单击"确认"按钮，输出各因素的总和、平均数、方差和样本含量表（略），方差分析表 14-3。

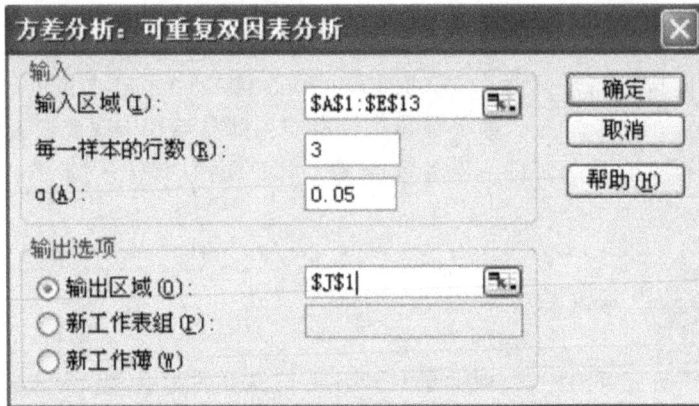

图 14-18 "可重复双因素方差分析"对话框

表 14-3 不同钙磷用量试验猪增重结果的方差分析

差异源	SS	df	MS	F	P-value	F-crit
样本	44.510 63	3	14.836 88	3.220 74	0.035 576	2.901 12
列	383.735 6	3	127.911 9	27.766 69	4.92E−09	2.901 12
交互	406.658 5	9	45.184 28	9.808 455	5.11E−07	2.188 766
内部	147.413 3	32	4.606 667			
总计	982.318 1	47				

3.结果说明

从表 14-3 可知,钙的 $F=3.220\ 74$,$P=0.035\ 576<0.05$,磷的 $F=27.766\ 69$,$P=4.92\times10^{-9}<0.01$,钙与磷的互作 $F=9.808\ 46$,$P=5.11\times10^{-7}<0.01$,表明钙、磷及其互作对幼猪的生长发育均有显著或极显著的影响。因而应进一步进行钙各水平均数间、磷各水平均数间、钙与磷水平组合均数间的多重比较。

五、线性相关回归分析

(一)相关系数的计算

例 14.8 测得 12 头长白仔猪初生重与断奶重(kg)资料见图 14-19,试计算相关系数。

1.数据输入

进入 Excel 工作表,将数据输入到电子表格上(见图 14-19)。

2.分析步骤

(1)打开"数据分析"对话框,选定"相关系数",单击"确定"按钮,打开对话框,如图 14-20所示。

	A	B
1	初生重 (x)	断奶重(y)
2	1.51	6.95
3	1.43	6.54
4	1.52	7
5	1.47	6.64
6	1.39	6.34
7	1.53	7.12
8	1.52	6.86
9	1.46	6.5
10	1.48	6.78
11	1.5	6.87
12	1.52	7.1
13	1.47	6.68

图 14-19 例 14.8 数据输入格式

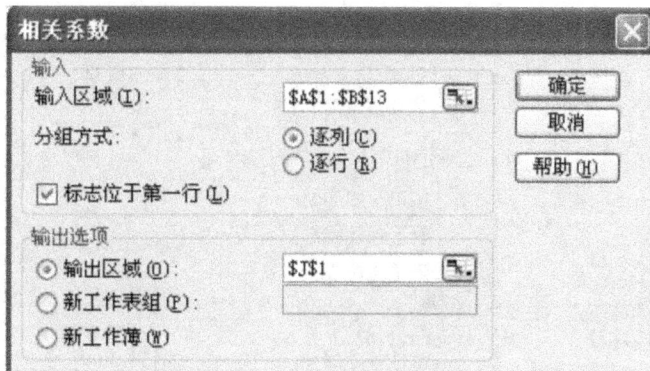

图 14-20 "相关系数计算"对话框

(2)在输入区域(I)输入数据,输入方法是:点中输入区域的空白框,再从电子表格数据开始的单元格 A1 拖动鼠标至结尾单元格 B13,此时数据的区域($A$1:$B$13)自动进入输入区域。

(3)分组方式依数据排列方式选定"逐列",勾选"标志位于第一列(L)",选中"输出区域",单击该区域框,再单击电子表格的某空白单元格(本例为$J$1),然后单击"确认"按钮,输出计算结果(表 14-4)。

表 14-4 相关系数计算结果

	初生重(x)	断奶重(y)
初生重(x)	1	
断奶重(y)	0.943 612	1

3.结果说明

由表 14-4 可见初生重与断奶重的相关系数为 0.943 612。

若要计算多个变量两两之间的相关系数,分析步骤与计算两个变量的相关系数相同,只是要把所有变量的数据输入到"输入区域(I)"中。

(二)线性回归分析

例 14.9 数据见图 14-19,试建立断奶重(y)与初生重(x)的直线回归方程。

1.数据输入

进入 Excel 工作表,将数据输入到电子表格上(见图 14-19)。

2.分析步骤

(1)打开"数据分析"对话框,选定"回归",单击"确定"按钮,打开对话框,如图 14-21 所示。

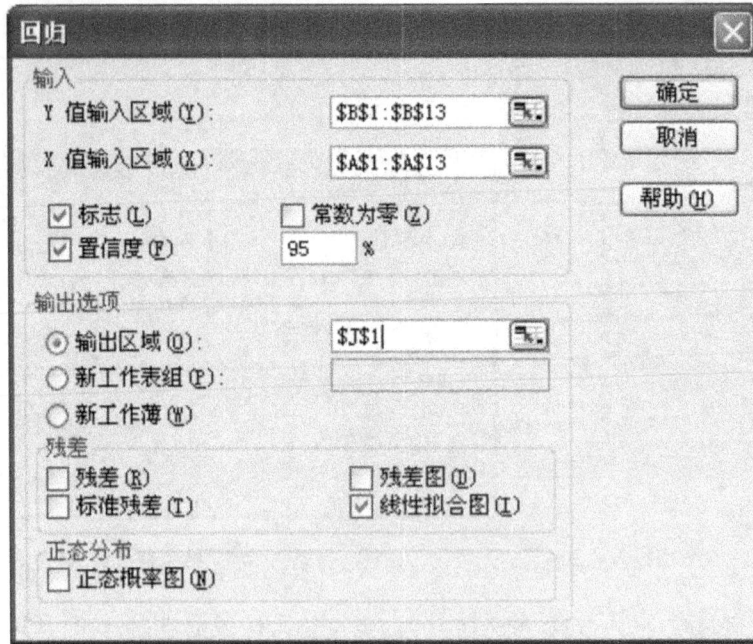

图 14-21 "线性回归计算"对话框

(2)在"Y 值输入区域(Y)"输入断奶重(y)数据,输入方法是:点中输入区域的空白框,再从电子表格数据开始的单元格 B1 拖动鼠标至结尾单元格 B13,此时数据的区域($B$1:$B$13)自动进入输入区域。用同样的方法把初生重(x)数据输入到"X 值输入区域(X)"($A$1:$A$13)。

(3)选定"标志(L)"、"置信度(F)",根据需要还可对其他选项进行选择,如残差和标准残差分析,输出残差图和线性拟合图等,本例选中"线性拟合图"。然后选中"输出区域",单击该区域框,再单击电子表格的某空白单元格(本例为$J$1),单击"确认"按钮,输出计算结果如表 14-5~表 14-8 和图 14-22 所示。

表 14-5　回归统计表

回归统计	
Multiple R	0.943 612
R Square	0.890 403
Adjusted R Square	0.879 444
标准误差	0.085 625
观测值	12

表 14-6　回归方程的方差分析

	df	SS	MS	F	Significance F
回归分析	1	0.595 65	0.595 65	81.244	4.08E−06
残差	10	0.073 316	0.007 33		
总计	11	0.668 967			

表 14-7 回归系数及回归系数的 t 检验

	Coefficients	标准误差	t Stat	P-value	下限 95.0%	上限 95.0%
Intercept	−1.381 69	0.906 016	−1.525	0.1582	−3.400 42	0.637 034
初生重(x)	5.503 39	0.610 57	9.013 53	4E−06	4.142 956	6.863 824

表 14-8 预测值与残差

观测值	预测断奶重(y)	残差
1	6.928 423 729	0.021 576 27
2	6.488 152 542	0.051 847 46
3	6.983 457 627	0.016 542 37
4	6.708 288 136	−0.068 288 1
5	6.268 016 949	0.071 983 05
6	7.038 491 525	0.081 508 47
7	6.983 457 627	−0.123 457 6
8	6.653 254 237	−0.153 254 2
9	6.763 322 034	0.016 677 97
10	6.873 389 831	−0.003 389 8
11	6.983 457 627	0.116 542 37
12	6.708 288 136	−0.028 288 1

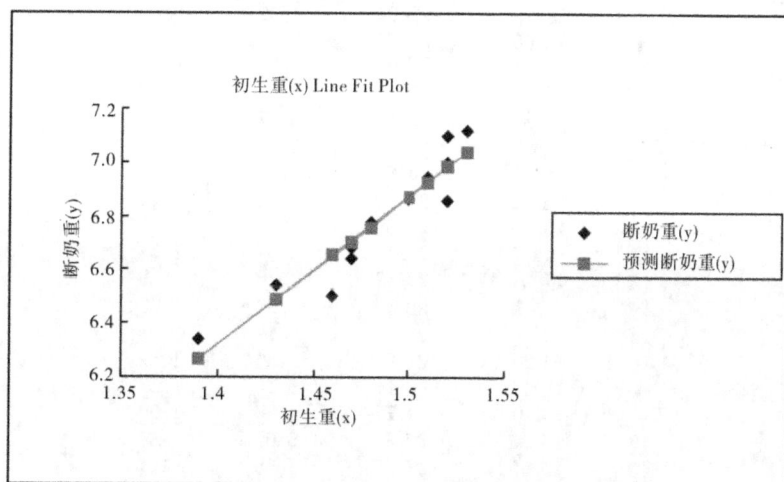

图 14-22 初生重与断奶重的回归直线拟合图

3.结果说明

由表 14-5 可见,初生重与断奶重的复相关系数 R(两变量时即为简单相关系数)为 0.943 612,决定系数 r^2 为 0.890 403,校正的决定系数为 0.879 444。

表 14-6 为回归方程的显著性检验结果。方差分析表明,$F = 81.244$,$P = 4.08 \times 10^{-6} < 0.01$,表明初生重与断奶重间存在极显著的线性回归关系。

表 14-7 给出了回归系数、回归截距及其显著性检验结果和区间估计。回归系数 $b=5.503\,39$，截距(常数)$a=-1.381\,69$，因此可建立以下回归方程：

$$\hat{y}=-1.381\,69+5.503\,39x,$$

截距 a 的标准误差为 $0.906\,016$，回归系数 b 的标准误差为 $0.610\,57$。

t 检验结果表明，回归系数的 $t=9.013\,53$，$P=4\times10^{-6}<0.01$，即线性回归系数是极显著的，表明初生重与断奶重间存在极显著的线性关系，可用所建立的回归方程来进行预测和控制。

方差分析结果(表 14-6)和 t 检验的结果(表 14-7)一致，因而在线性回归分析中，这两种检验方法是等价的。表 14-7 还给出了回归系数和回归截距的 95％置信下限和置信上限。

表 14-8 为断奶重的预测值和残差。

图 14-22 为初生重与断奶重的散点图和回归直线拟合图。由图形可见，初生重与断奶重间存在直线关系，断奶重随初生重的增大而增大。

(三)多元回归分析

例 14.10　根据某猪场 25 头育肥猪 4 个胴体性状的数据资料(见图 14-23)，试进行瘦肉量 y 对眼肌面积(x_1)、腿肉量(x_2)、腰肉量(x_3)的多元线性回归分析。

	A	B	C	D
1	瘦肉量y	眼肌面积x1	腿肉量x2	腰肉量x3
2	15.02	23.73	5.49	1.21
3	12.62	22.34	4.32	1.35
4	14.86	28.84	5.04	1.92
5	13.98	27.67	4.72	1.49
6	15.91	20.83	5.35	1.56
7	12.47	22.27	4.27	1.5
8	15.8	27.57	5.25	1.85
9	14.32	28.01	4.62	1.51
10	13.76	24.79	4.42	1.46
11	15.18	28.96	5.3	1.66
12	14.2	25.77	4.87	1.64
13	17.07	23.17	5.8	1.9
14	15.4	28.57	5.22	1.66
15	15.94	23.52	5.18	1.98
16	14.33	21.86	4.86	1.59
17	15.11	28.95	5.18	1.37
18	13.81	24.53	4.88	1.39
19	15.58	27.65	5.02	1.66
20	15.85	27.29	5.55	1.7
21	15.28	29.07	5.26	1.82
22	16.4	32.47	5.18	1.75
23	15.02	29.65	5.08	1.7
24	15.73	22.11	4.9	1.81
25	14.75	22.43	4.65	1.82
26	14.37	20.44	5.1	1.55

图 14-23　例 14.10 数据输入格式

1. 数据输入

进入 Excel 工作表,将四个变量数据按列方式输入到电子表格上(见图 14-23)。

2. 分析步骤

(1)打开"数据分析"对话框,选定"回归",单击"确定"按钮,打开"多元回归计算"对话框,如图 14-24 所示。

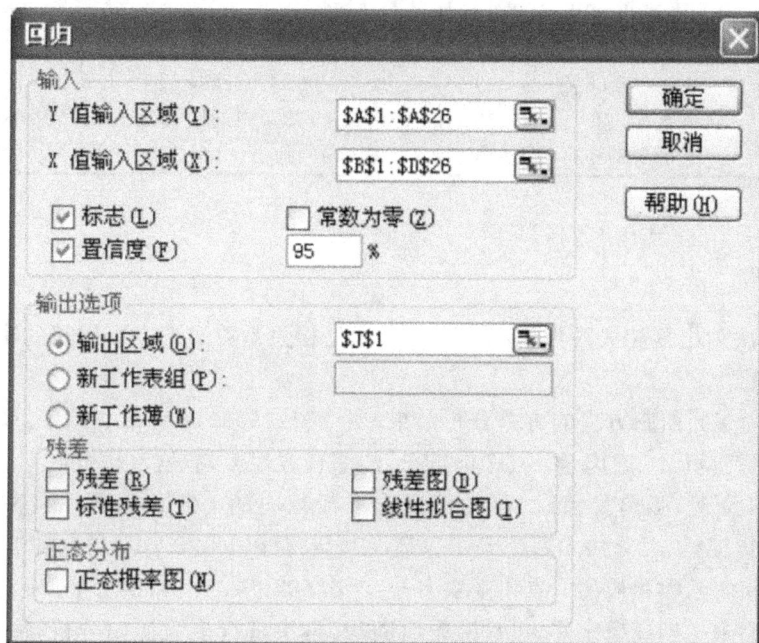

图 14-24　"多元回归计算"对话框

(2)在"Y 值输入区域($\underline{Y}$)"输入瘦肉量(y)数据,输入方法:点中输入区域的空白框,再从电子表格瘦肉量数据开始的单元格 A1 拖动鼠标至结尾单元格 A26,此时数据的区域($A$1:$A$26)自动进入输入区域。用同样的方法把眼肌面积(x_1)、腿肉量(x_2)、腰肉量(x_3)数据全部输入到"X 值输入区域($\underline{X}$)"($B$1:$D$26)。

(3)选定"标志($\underline{L}$)"、"置信度($\underline{F}$)",然后选中"输出区域",单击该区域框,再单击电子表格的某空白单元格(本例为$J$1),单击"确认"按钮,输出计算结果见表 14-9~表 14-11 所示。

表 14-9　回归统计表

3 个自变量	
Multiple R	0.917 313
R Square	0.841463
Adjusted R Square	
标准误差	0.462 719
观测值	25

表 14-10　多元回归方程的方差分析(3 个自变量)

	df	SS	MS	F	Significance F
回归分析	3	23.864 8	7.954 934	37.153 61	1.4E-08
残差	21	4.496 295	0.214 109		
总计	24	28.361 1			

表 14-11　偏回归系数及回归常数的 t 检验(3 个自变量)

	Coefficients	标准误差	t Stat	P-value	下限 95.0%	上限 95.0%
Intercept(常数 b_0)	0.856 739	1.384 092	0.618 99	0.542 58	-2.021 64	3.735 116
眼肌面积 x_1	0.018 683	0.029 559	0.632 061	0.534 168	-0.042 79	0.080 154
腿肉量 x_2	2.072 89	0.270 149	7.673 133	1.6E-07	1.511 084	2.634 695
腰肉量 x_3	1.938 053	0.513 372	3.775 141	0.001 111	0.870 437	3.005 669

3.结果说明

表 14-9 依次列出复相关系数 R,决定系数 r^2(复相关系数的平方),校正的决定系数,标准误差和样本含量。

表 14-10 为多元回归方程的方差分析结果,$F=37.15361$,$P=1.4\times10^{-8}<0.01$,表明猪瘦肉量 y 与眼肌面积 x_1、腿肉量 x_2、腰肉量 x_3 的综合线性影响是极显著的。

由表 14-11 可见,腿肉量、腰肉量的偏回归系数相应的 t 值和显著性概率分别为 $t_{b_2}=7.673$,$P_{b_2}=1.6\times10^{-7}<0.01$,$t_{b_3}=3.775$,$P_{b_3}=0.001<0.01$,均达到极显著水平。而眼肌面积的偏回归系数相应的 t 值和概率为 $t_{b_1}=0.632$,$P_{b_1}=0.534>0.05$,说明眼肌面积对瘦肉量的影响未达到显著水平,可剔除眼肌面积,再次进行多元回归分析,输出的复相关分析表、方差分析表和偏回归系数与回归系数的显著性检验结果见图 14-25。

回归统计	
Multiple R	0.915667286
R Square	0.838446579
Adjusted R	0.823759905
标准误差	0.456360706
观测值	25

方差分析

	df	SS	MS	F	gnificance F
回归分析	2	23.77926	11.88963	57.08893	1.9565E-09
残差	22	4.581832	0.208265		
总计	24	28.3611			

	Coefficients	标准误差	t Stat	P-value	下限 95.0%	上限 95.0%
Intercept	1.128324161	1.297626	0.869529	0.393946	-1.5627881	3.819436
腿肉量x2	2.101934091	0.262554	8.005725	5.83E-08	1.55743072	2.646437
腰肉量x3	1.976454058	0.502759	3.931212	0.000713	0.93379483	3.019113

图 14-25　剔除眼肌面积后多元回归分析结果

从图 14-25 可见,剔除眼肌面积后,所有自变量都达到显著水平,且复相关系数 R 和回归平方和 SS 减少的数值很小,说明眼肌面积对瘦肉量的影响不大,所以最优回归方程为:

$$\hat{y} = 1.128 + 2.102x_2 + 1.976x_3 。$$

六、次数分布表与直方图的编制

例 14.11 以 126 头基础母羊的体重资料编制次数分布表和直方图,数据见第二章例 2.2。

（一）数据输入

进入 Excel 工作表,将 126 个体重数据按列方式从单元格 A1 到 A126 输入到电子表格上（见图 14-26）。

	A	B
1	53.0	38.9
2	51.0	41.9
3	54.5	44.9
4	47.0	47.9
5	50.0	50.9
6	43.0	53.9
7	47.0	56.9
8	50.0	59.9
9	42.0	62.9
10	52.0	65.9
11	45.0	
12	50.0	

Sheet1 / Sheet2

图 14-26 例 14.11 数据输入格式

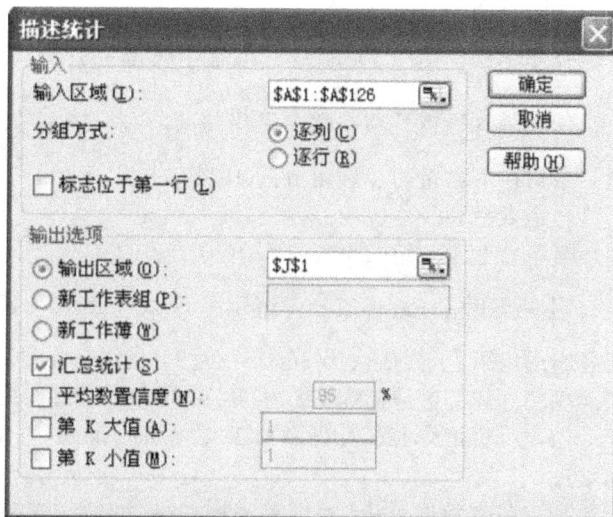

图 14-27 描述统计对话框

（二）分析步骤

1.计算基本统计量

打开"数据分析"对话框,选定"描述统计",单击"确定"按钮,打开如图 14-27 所示对话框。

在"输入区域(I)"输入 126 个体重数据,输入方法:点中输入区域的空白框,再从电子表格数据开始的单元格 A1 拖动鼠标至结尾单元格 A126,此时数据的区域（$A\$1:\$A\$126$）自动进入输入区域,也可直接在输入区域(I)的空白框处直接键入 $A\$1:\$A\$126$。

分组方式依数据排列方式选定"逐列",点中"汇总统计",选中"输出区域",单击该区域的空白框,再单击电子表格的某空白单元格(本例为 $\$J\$1$),然后单击"确认"按钮,输出基本统计量(图 14-28)。

列1	
平均	51.7619
标准误差	0.461286
中位数	52
众数	50
标准差	5.17792
方差	26.81086
峰度	0.088976
偏度	0.034652
区域	28
最小值	37
最大值	65
求和	6522
观测数	126

图 14-28　基本统计量

从图 14-28 可知,126 头母羊体重的平均数 $\bar{x}=51.7619$,标准差 $s=5.17792$,标准误差 $s_{\bar{x}}=0.461286$,最大体重$=65.0$,最小体重$=37.0$。

2.分组及编制次数表和直方图

根据样本含量初步确定分为 10 组。

全距 $R=28.0$。

组距$=$全距$/$组数$=28.0/10\approx3.0$。

第一组下限$=$最小值$-\dfrac{1}{2}$组距$=37.0-\dfrac{1}{2}\times3=35.5\approx36$。

故各组的组下、上限依次为 $36.0\sim38.9,39.0\sim41.9,42.0\sim44.9,45.0\sim47.9,48.0\sim50.9$, $51.0\sim53.9,54.0\sim56.9,57.0\sim59.9,60.0\sim62.9,63.0\sim65.9$。

(1)在已输入 126 头母羊体重数据的 Excel 工作表的 B 列输入 10 个组的上限,见图 14-26。

(2)打开"数据分析"对话框,选定"直方图",单击"确定"按钮,打开直方图对话框,如图 14-29 所示。

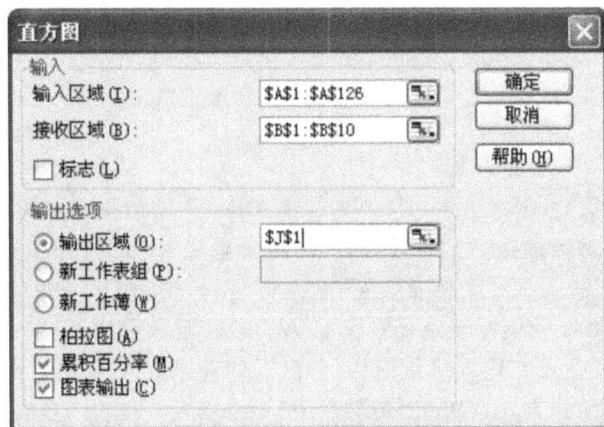

图 14-29　直方图对话框

（3）在"输入区域(I)"输入126头母羊体重数据,输入方法:点中输入区域的空白框,再从电子表格数据开始的单元格A1拖动鼠标至结尾单元格A126,此时数据的区域($A$1:$A$126)自动进入输入区域。再点中"接收区域(B)"的空白框,用同样的方法把各组上限数据全部输入到接收区域($B$1:$B$10)。

（4）选定"累计百分率(M)"、"图表输出(C)",然后选中"输出区域(O)",单击该区域空白框,再单击电子表格的某空白单元格(本例为$J$1),单击"确认"按钮,输出频数如表14-12、直方图14-30所示。

表 14-12　频数分布表及累计频率

接收	频率	累积%
38.9	1	0.79%
41.9	1	1.59%
44.9	6	6.35%
47.9	18	20.63%
50.9	26	41.27%
53.9	27	62.70%
56.9	26	83.33%
59.9	12	92.86%
62.9	7	98.41%
65.9	2	100.00%
其他	0	100.00%

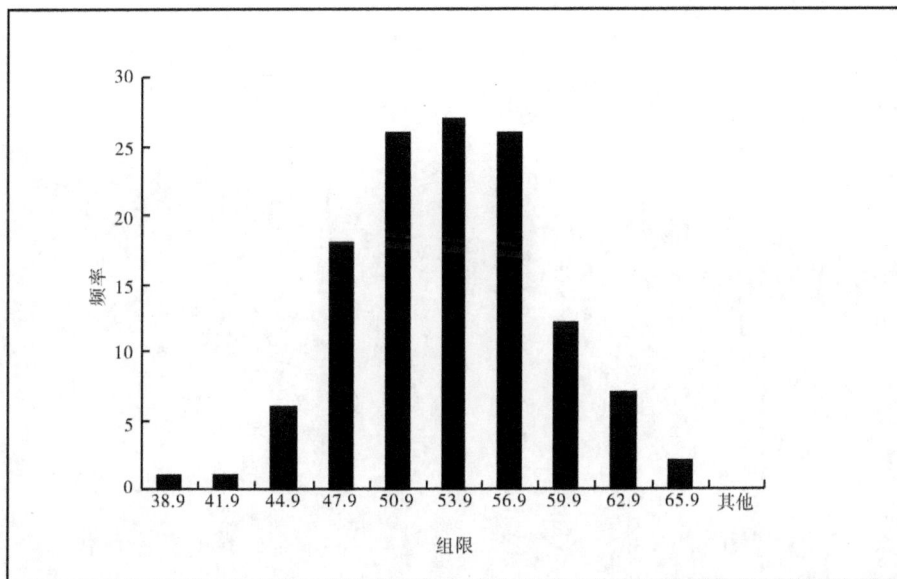

图 14-30　直方图

（三）结果说明

表 14-12 中第一列是各组的组上限,第二列是各组的次数,第三列是累计频率。

图 14-30 为 126 头母羊体重的直方图,可见基本成正态分布。若要修改图形可把鼠标移到需修改位置,单击右键,进入数据系列格式,可对字体、字号、图案、颜色及柱形间距等进行修改。

Excel 工作表还提供了一套功能非常强大、操作方便的作图工具,可作 14 种图形,包括折线图、柱形图、饼图等,因而也可在完成次数分布表后,再利用 Excel 工作表上方的"图表向导"绘制各种统计图。

参考文献

[1] 时立文.SPSS 19.0统计分析从入门到精通.北京:清华大学出版社,2012

[2] 杜强,贾丽艳.SPSS统计分析从入门到精通.北京:人民邮电出版社,2012

[3] 卢纹岱.SPSS for Windows 统计分析.北京:电子工业出版社,2008

[4] 张文彤.SPSS 11 统计分析教程.北京:北京希望电子出版社,2002

[5] 李湘鸣,王劲松.SPSS 10.0 常用生物医学统计使用指导.南京:东南大学出版社,2005

[6] 马斌荣.SPSS for Windows Ver. 11.5 在医学统计中的应用(第三版).北京:科学出版社,2004

[7] 杨善朝,张军舰.SPSS统计软件应用基础.桂林:广西师范大学出版社,2001

[8] 洪楠.SPSS for Windows 统计产品和服务解决方案教程.北京:清华大学出版社,2004

[9] 明道绪.生物统计附试验设计(第三版).北京:中国农业出版社,2002

[10] 盖钧镒.试验统计方法.北京:中国农业出版社,2000

[11] 蔡一林,岳永生.水产生物统计.北京:中国农业出版社,2004

[12] 张勤,张启能.生物统计学.北京:中国农业大学出版社,2002

[13] 杨茂成.兽医统计学.北京:中国展望出版社,1990

[14] 金丕焕.医用统计方法.上海:复旦大学出版社,1993

[15] 徐宁迎,严竟天.EXCEL 电子表格与生物统计.北京:中国农业科技出版社,2000

[16] 胡奇林,程由全,陈少莺等.四种检测番鸭细小病毒抗原方法的比较.福建畜牧兽医,2000,22(2):4~5

[17] 曾志将,俞小明.蜜蜂的数量分类与研究.蜜蜂杂志,2000,(2):4~5

图书在版编目(CIP)数据

SPSS19.0(中文版)在生物统计中的应用/张力主编.—3版.—厦门:厦门大学出版社,2013.9(2020.7重印)
ISBN 978-7-5615-2574-6

I.①S… II.①张… III.①生物统计-统计分析-软件包 IV.Q-332

中国版本图书馆 CIP 数据核字(2013)第 207040 号

官方合作网络销售商: dangdang.com 亚马逊amazon.cn JD京东.COM

厦门大学出版社出版发行

(地址:厦门市软件园二期望海路39号 邮编:361008)
总编办电话:0592-2182177 传真:0592-2181253
营销中心电话:0592-2184458 传真:0592-2181365
网址:http://www.xmupress.com
邮箱:xmup @ xmupress.com
虎彩印艺股份有限公司
2013 年 9 月第 3 版 2020 年 7 月第 4 次印刷
开本:787×1092 1/16 印张:13.5
字数:332 千字 印数:6 001~7 000 册
定价:23.00 元
本书如有印装质量问题请直接寄承印厂调换